PCB 설비 기술학

김 형 록 저

홍릉과학출판사

머리말

IT 산업의 핵심인 PCB와 반도체 산업은 꾸준히 발전해 오고 있다. 모든 산업은 4M(Man, Method, Material, Machine)이 유기적으로 조화를 이루고 균형이 잡힐 때 비약적인 발전이 가능하다.

또한, PCB 산업은 이 모든 것들 중에서 Machine 즉, 설비의 중요성이 커서 장치 산업이라고도 한다.

이에 PCB의 공정 기술, 재료 기술, 최신 공법, 조건 Setting 등에 관한 서적을 출판하였지만 설비에 관한 서적이 없어서 이번에 PCB 설비학을 출판하게 되었다.

PCB 설비를 크게 건식 설비, 검사 설비, 습식 설비로 나누어 소개하였고, 기본 Spec(사양)에 따른 설명과 사진 및 도면 등으로 마무리하였다.

본 서가 PCB업계 및 관련 업계 종사자들에게 큰 도움은 못 되더라도 조금이나마 도움이 되었으면 하는 바램이다.

끝으로 이 책이 나오기까지 도움을 주신 출판사와 편집부 여러분들께 감사를 드린다.

저자 씀

차례

Chapter 01
건식 장비(Dry Machine)

Chapter 02
검사 설비(Inspection machine)

Chapter 03
습식 설비(Wet machine)

Chapter 01

건식 장비
(Dry Machine)

1.1 Laser photo plotter

Laser photo plotter는 PCB의 설계 도면 등을 컴퓨터로부터 전송받아 Artwork film 상에 Laser beam을 쪼여 정확한 위치에 회로, 랜드 등을 그려주는 장비이다. 일반적으로 공정 순서는 CAM data 전송 → Artwork film(원필름) 투입 → Laser beam 작동 → Artwork film 상의 이멀전 면에 Laser beam 조사 → 반출로 이루어진다.

1.1.1 주요 사양

〈 표 1 〉 Laser photo plotter 사양도

	항목	내용
1	max. 노광 범위	600 × 520 mm
2	max 사용 가능 필름 규격	304.8 ~ 660.4(L) × 304.8 mm 이상
3	필름 두께	0.18 mm
4	필름 고정	Vacuum
5	Drum 속도	65 rpm 이상
6	노광 기구	단색 적광, 256 Beam
7	파장	667
8	필름 구동	semi-auto 로더 & 언로더
9	기계 규격	1,150(L) × 650(W) × 1,050(H) (mm)
10	무게	290 kg
11	Power	1,400 W
12	전압	230 VAC ± 10 %
13	Spot size	12.7 μm(0.5 mil)
14	해상도	2000, 4000 dpi
15	이동 위치 제어	encorder 제어
16	노광 속도	2,000 dpi / 3분 4,000 dpi / 6분
17	정 밀 도	±15 μm(±0.6 mil) [주석 1)]
18	재 현 성	±5 μm(0.2 mil)
19	최소 회로폭	50 μm(2,000 dpi) 25 μm(4,000 dpi)
20	최소 회로폭 편자	6 μm 이내

주 1) 1 mil = 25.4 μm

표 1에서 단위가 많이 나오는데 2번 max 사용 가능 필름 규격에서 "L"은 Length의 약자로 길이를 의미하고, "W"는 Width로 폭을, "H"는 Height의 약자로 높이를 의미한다.

4번의 필름 고정은 내부에 Drum 통이 있는데 Drum 통에 미세한 구멍들이 가공되어 film이 Drum 통에 들어가 Vacuum이 적용되어 film이 흡착 고정되는 구조를 말하고 있다. 5번의 Drum 속도는 65 rpm의 고속 진동이 가능함을 나타내며 6번의 노광 기구는 Laser beam이 256 개 배열되어 있다는 것이고, 7번의 파장은 Laser beam이 단색 적색광으로 파장이 667nm임을 알 수 있다.

13번의 Spot size는 Laser beam이 size가 12.7 μm이라는 것이며 14번의 "dpi"는 dots per inch의 약자로 인쇄 해상도를 표시하는 단위로 1 inch 안에 점이 몇 개인지를 의미하여 그 수치가 높을 수록 작은 점들이 선을 형성하므로 해상도가 좋다는 것을 의미한다. 따라서, 16번의 노광 속도는 2,000 dpi로 그릴 경우 3분이 소요되지만 절반 크기 Spot인 4,000 dpi로 그릴 경우 6분이 소요되는 것이다.

17번의 정밀도는 상을 형성하였을 때 최대 오차가 $\pm$15 μm 까지 발생할 수 있을 정도로 정밀하고 재현성이 좋다는 것을 말하고 있다.

19번의 최소 회로폭은 Spot가 큰 2,000 dpi로 50 μm을 형성하지만 작은 4,000 dpi로는 해상성이 좋아 25 μm 까지의 회로폭을 형성할 수 있다는 것이다. 20번의 최소 회로폭 편차는 회로를 그렸을 때 최대 회로 선폭의 공차를 의미한다.

1.1.2 설비 사진

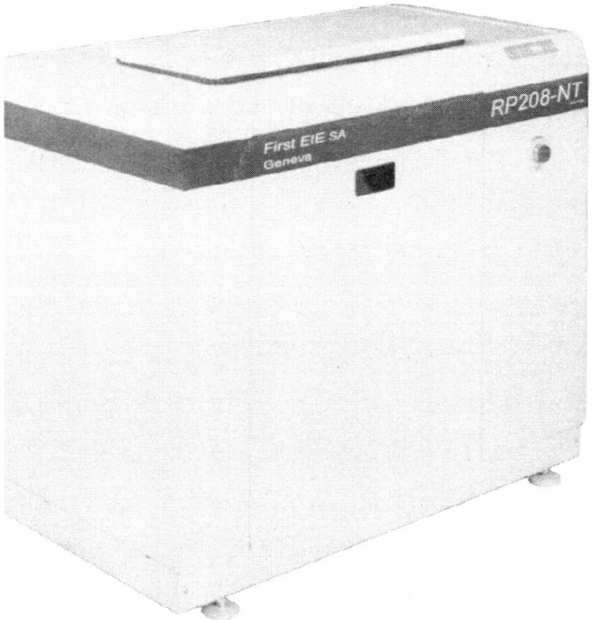

그림 1 Laser photo plotter 모습

1.2 재단기(Shearing M/C)

PCB의 재단기는 주로 Base material의 재단을 목적으로 제작된 설비로서 재료를 규정된 Working size로 자르는 데 사용된다.

일반적으로 재단 공정 순서는 Working size{ 길이(L), 폭(W), 두께(T); 여기에는 CCL의 두께 및 Cu foil 두께 등이 되겠다.}를 확인 및 Setting → 재료 투입 → 재단 → 반출로 이루어진다.

1.2.1 주요 사양

〈 표 2 〉 재단기 사양도

No	항목	CCL 재단기	pre preg 재단기
1	최대 작업 규격	max.30t × 1,250 mm(W)	max. 700 mm(W)
2	사용 모터 용량	5 HP 주석 2)	ϕ 75, ϕ 150 AC 서보 모터 450 W
3	Cutting speed 모터 최대 Cutting 속도	1/2 HP	5,000 sheet/시간
4	재단기 규격	1,950(W) × 1,500(D) × 2,550(H) mm	1,700(W) × 1,100(D) × 1,350(H) mm
5	Power	220 V, 3상, 50/60 Hz, 4KVA	220 W, 단상, 1.3 kW
6	중량	1,500 kg	
7	Air	4 ~ 6 kg/cm^2 (12ℓ /분)	

표 2에서 3번 Cutting speed 모터는 CCL 재단기일 경우 $\frac{1}{2}$ HP, 최대 Cutting 속도는 pre preg 재단기일 경우 시간당 5,000 sheet를 처리할 수 있다는 것을 의미한다.

7번은 Air는 CCL 재단기일 경우 Compressor에서 4~6 kg/cm^{2}의 압축 공기가 분당 12ℓ 정도 필요함을 의미한다.

주 2) 1 HP(마력)은 1마리의 말이 1초 동안 75 kg의 중량을 1m 움직일 수 있는 일의 크기로 1HP = 0.75 kw로 환산된다.

1.2.2 설비 사진

CCL 재단기

Pre – Preg 재단기

그림 2 재단기 모습

1.3 면취기(Bevelling Machine)

면취기는 CCL 재단 후 발생하는 4 모서리 상의 Burr, glass fiber 등을 제거 및 면을 매끈하게 하는 장비로서 공정 순서는 재단된 CCL의 가로, 세로 칫수를 확인 → 면취폭 입력 → 면취날 작동 → 집진기 작동 → CCL 투입 → 면취 → 반출로 이루어진다.

1.3.1 주요 사양

〈 표 3 〉 면취기 사양도

No	항목	내용
1	Power	AC 220 V, 3상, 60 Hz, 3 kW
2	처리 가능 보드	min 190 × 190(mm) max 380 × 380(mm)
3	보드 Pass Line	900 ± 30(mm)
4	Cutter 회전수	6,000 rpm
5	면취 가능 보드 두께	0.8 ~ 3.2 t
6	기계 제어	Seguency Control
7	정밀도	±0.05 mm
8	conveyor 속도	5 ~ 22 m/분
9	무게	700 kg

면취기의 주요 사양에서 3번의 보드 Pass Line은 Conveyor 장치의 PCB가 롤러를 타고 이동하는 높이를 말한다. 즉, 870 ~ 930 mm 까지 조정이 가능하다는 것이다.

4번의 Cutter는 면취날로서 6,000 rpm으로 회전한다는 것을 의미한다. 5번의 면취 가능 보드 두께가 0.8t ~ 3.2 t인데 이것은 면취날을 보드 두께에 따라 교체하면서 가공이 가능하다는 것을 뜻한다.

7번의 정밀도는 면취폭의 오차 정도를 말한다. 즉, 가공 면취폭의 ±50 μm 오차 이내에서 가공이 된다는 것을 의미한다.

1.3.2 설비 사진 및 도면

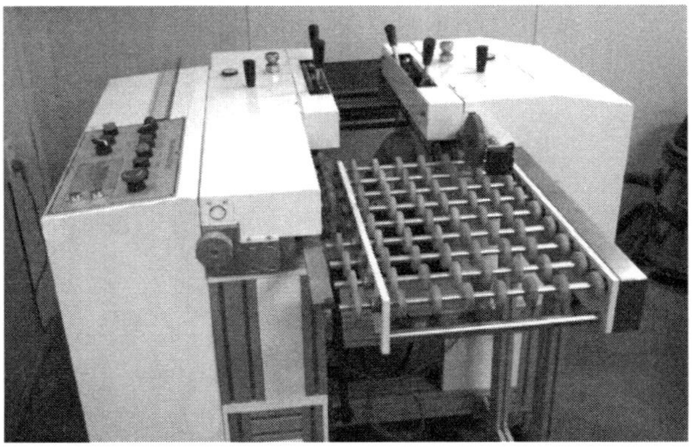

면취기 사진

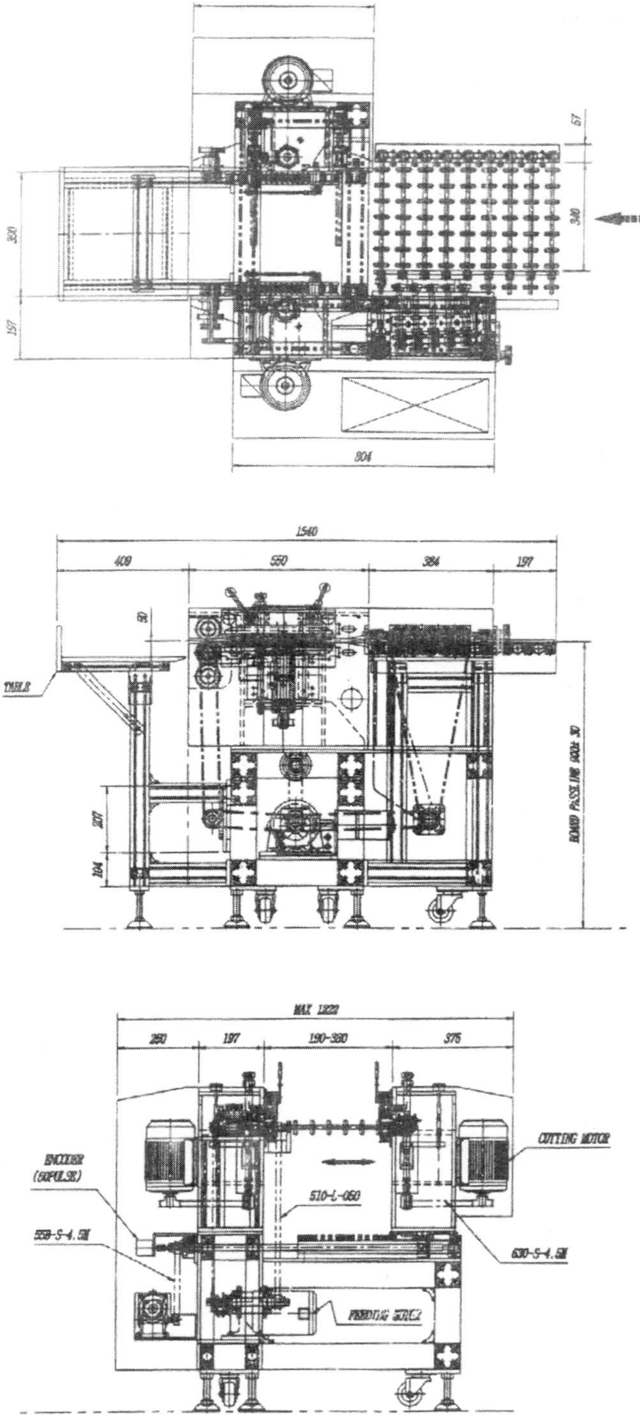

면취기 도면

그림 3 면취기 모습

1.4 D/F Laminator

CCL의 Cu 위에 최초의 회로를 형성하기 위한 감광성 물질인 D/F을 Coating하기 위한 장비이다.

Manual 및 Auto type이 있으며 공정 순서는 Setting → CCL 투입 → D/F Lamination → CCL 모서리 돌출된 D/F을 Cutting → 반출 → 랙킹으로 이루어진다.

1.4.1 주요 사양

〈 표 4 〉 D/F Laminator 사양도

No	항목	내용
1	기계 규격	764(L) × 1,205(W) × 1,250(H)(mm)
2	무 게	400 kg
3	Power	단상, 220 V, 50/60 Hz, 2.5 kW
4	Air	5.5 kg/cm^2
5	보드 size	max. 630 mm
6	처리 속도	max. 2.0 m/분
7	보드 두께	0 ~ 5.0 mm
8	Hot 로라 직경	ϕ 70
9	heating 방식	heater 내장 방식
10	온도 편차	±5 ℃
11	Hot 로라 온도	상온 ~ 130℃(max)
12	온도 display	상 / 하 digital display
13	작동 방법	속도 제어 및 chain type
14	압축 방법	air cylinder
15	압 력	max. 5.0 kg/cm^2
16	film 교체	roll 교체
17	film 교체 시간	4분
18	Size Cutting	Circular carbide blade

D/F Laminator 사양에서 4번은 외부 Compressor 압축 공기의 압력을 나타내고, 8번의 Hot roller의 외경이 ϕ 70(70 mm)을 표시하고 있다. 9번의 heating 방식은 heater가 Hot roller 속에 들어 있다는 것을 뜻한다.

13번의 작동 방법은 속도 controll이 되며 chain으로 연결되어 구동한다는 것을 의미한다.

15번의 압력은 Hot roller가 눌러주는 압력이 최대 5.0 kg/cm^2 까지 나오고 18번의 Size Cutting은 자동 Lamination의 경우로 원형 카바이드 Cut 날로 회전하며 Cutting하는 방식이라는 것이다.

1.4.2 설비 사진 및 도면

D/F Laminator 사진

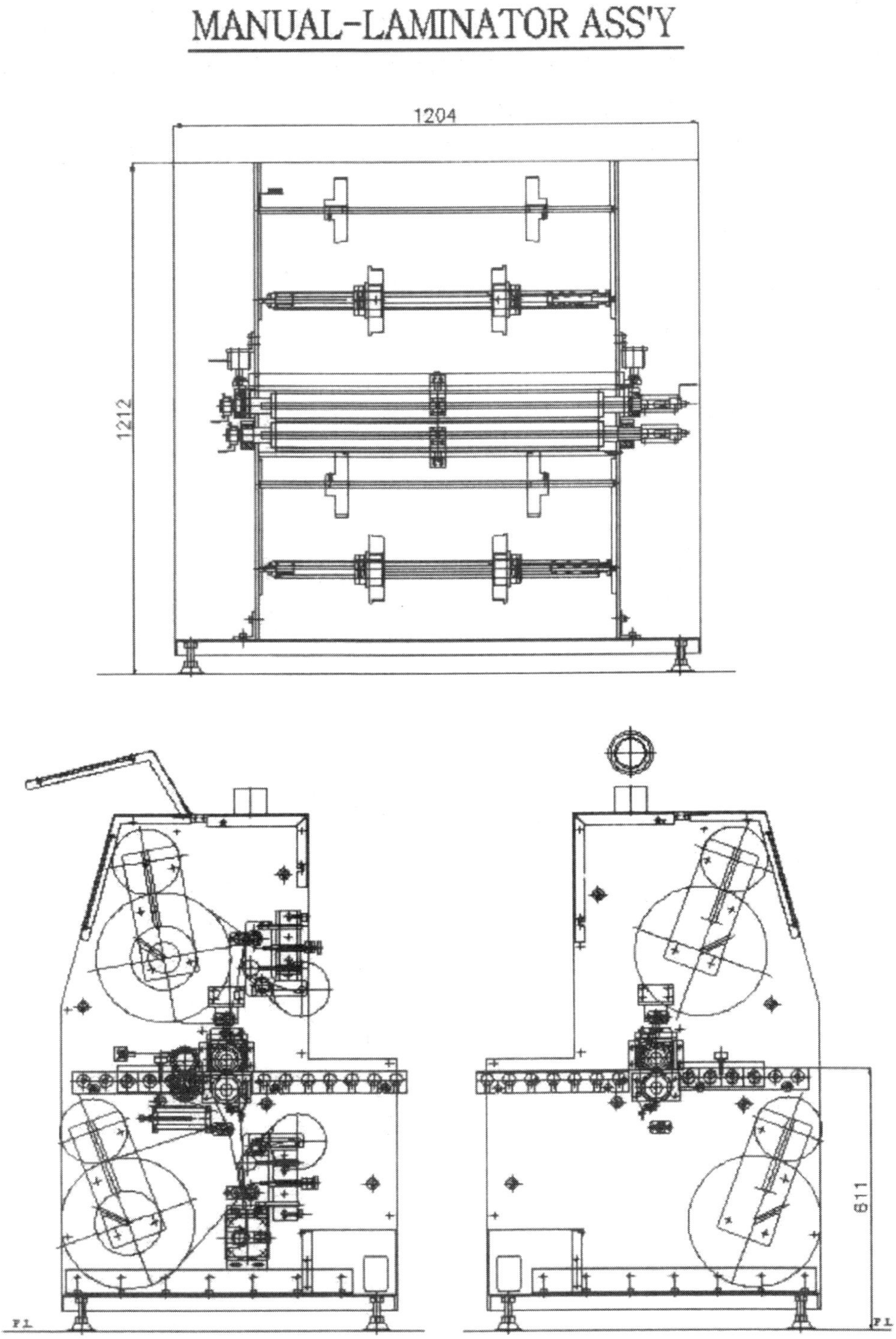

D/F Laminator 도면

그림 4 D/F Laminator 모습

1.5 노광기(exposurer)

노광기는 CCL에 감광성 Photoresist(D/F & PSR)가 Coating된 상태에서 film을 놓고 Photoresist에 U.V 빛을 쪼여주는 설비로서, 수동 방식 및 자동 방식이 있으며 U.V 빛의 평행도에 따라 평행광 및 산란광으로 나뉜다.

공정 순서는 적절한 Film Setting → 광량 선택(D/F 또는 PSR) → CCL Setting → 진공 흡착 → 투입 → 감광(U.V 빛 조사) → 반출로 이루어진다.

1.5.1 주요 사양

〈 표 5 〉 노광기 사양도

No	항목	내용
1	기계 규격	1,305(W) × 2,860(L) × 2,165(H)(mm)
2	무 게	1,000 kg
3	Power	220 V, 3상, 50/60 Hz, 15 kW
4	Air	5 ~ 6 kg/cm^2
5	환 경	온도(22~23℃), 습도(55~65 %RH)
6	보드 규격	max 610×510 mm, min 200×200 mm
7	보드 두께	0.05 ~ 3.3 mm
8	노광 영역	610 × 610 mm
9	노광 방식	양면 노광
10	Light source	5 kW, Mercury Short arc lamp
11	Lamp 수명	750시간
12	U.V intensity	18 mW/cm^2
13	균 일 도	80 % 이상
14	파 장	365 nm [주 3)](max)
15	U.V 노광 방식	Shutter 개 · 폐 방식

주 3) 1nm= 10^{-9}m = 10^{-3} μm로 10억 분의 1m를 의미한다.

이 사양에서 5번의 환경은 노광기가 작업되는 주변 환경으로 항온 항습의 상태가 필요하다는 것을 뜻한다. 8번의 노광 영역은 최대 넓이를 나타내며 이 범위내에서 노광이 가능하다는 것이다.

10번은 사용 램프를 말하며 용량 5 kW의 수은 Short arc Lamp로 되었다는 것을 말하며, 12번은 U.V 빛의 세기로 18 mW/cm^2 임을 의미한다.

13번의 균일도는 U.V 빛이 노광 프레임에 전체적으로 조사되었을 때 중앙, 외각, 상 · 하 · 좌 · 우 노광량의 정도가 80 % 이상의 편차가 적은 균일광이라는 것이다.

15번의 U.V 노광 방식은 노광시에 램프 주변을 감싸고 있는 Shutter가 열리고, 노광이 끝나면 Shutter가 닫히는 구조로 되어 있다는 뜻이다.

노광기 사진

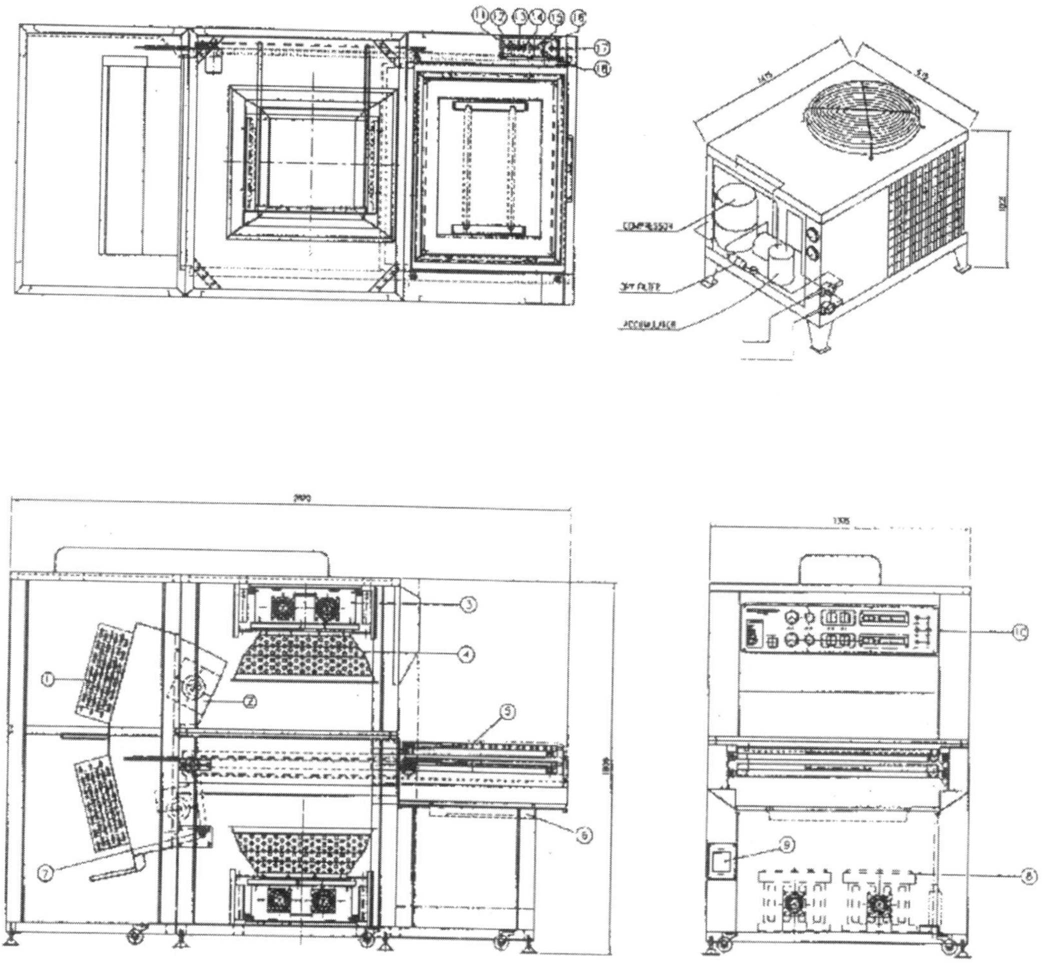

노광기 도면

그림 5 노광기 모습

1.6 건조기(Dryer)

건조기는 PCB를 처리하는 과정 중에 PCB 상의 습기, 물기, resist 등을 열에 의해 건조 또는 경화시켜주는 장비로 그 종류도 여러가지 type이 있는데 대표적인 것 3가지를 소개한다.

Box type, conveyor type, wicket type으로 나뉘며 사용 공정, 용도에 따라 달리 적용한다.

일반적으로 공정 순서는 PCB 랙킹 → 건조 온도 Setting → PCB 투입 → 건조 → 반출로 이루어진다.

1.6.1 주요 사양

1) Box oven 기

〈 표 6-1 〉 Box oven 기 사용도

No	항목	내용
1	건조로 내 크기	800(W) × 800(L) × 1,200(H) mm
2	Control 장치	프로그램 방식
3	온도제어 시스템	PID 제어
4	적용 온도	상온 ~ 200℃
5	온도 정밀도	± 2℃ 이내
6	청정 필터	class 100 hepa filter
7	급기 Blower	0.1 kW
8	배기 Blower	0.1 kW
9	온도 기록계	아날로그 방식

Box oven 기 사양에서 5번의 온도 정밀도는 온도 오차가 ±2℃ 이내로 여러 구역에서 측정시의 data를 나타내며, 6번의 청정 filter는 내부 공기의 dust를 잡아 주는 정도로 청정도 100을 유지할 수 있는 hepa filter가 내장되어 있다는 것을 의미한다.

2) Conveyor Dryer(콘베어 방식 건조기)

〈 표 6-2 〉 Conveyor Dryer 사양도

No	항목	내용
1	기판 크기	min 250 × 250 mm max 610 × 610 mm
2	사용 온도	50 ~ 180℃
3	control	Touch Screen 방식
4	기판 투입 Conveyor	무접점 마그네틱 방식
5	기판 두께	0.02 ~ 1.6 mm
6	온도 정밀도	± 2℃ 이내
7	Tact	최대 13초 이상
8	로내 재질	all sus 304, 430
9	온도 기록계	디지털 방식
10	청정 필터	class 100 hepa filter
11	Blower	1.5 kW 고열용 Blower

이 Conveyor Dryer 사양에서 7번의 Tact time은 기판과 기판 사이의 투입 간격 시간으로 13초 이상 설정 가능함을 말하여 내부 재질은 8번에 소개한 것처럼 전체가 sus 304 및 430으로 되어 있음을 설명하고 있다.

3) Wicket Dryer

〈 표 6-3 〉 Wicket Dryer 사양도

No	항목	내용
1	기판 크기	min 250 × 250 mm
2	Tact	5초 이상
3	온도 정밀도	± 2℃
4	외부 재질	Steel + 도색
5	체인 재질	Sus Roller type
6	온도 기록계	아날로그 방식
7	Wicket 각도	35°
8	온도 Control	PID 제어

No	항목	내용
9	기판 두께	0.2 ~ 5 mm
10	최대 온도	200 ℃
11	기판 정렬 장치	포함
12	내부 재질	Sus 304
13	히 터	Pin heater
14	단 열 재	rock wool

Wicket Dryer의 사양에서 7번의 Wicket 각도는 칸막이 Wicket들이 이루는 각도가 35°를 이루도록 설계됨을 알 수 있고, 13번은 내부 heater가 pin 형태의 heater라는 것이고, 단열재는 내부열의 외부로의 열 손실을 최소화시키기 위한 단열재로 rock wool(광물 섬유)을 채택하였음을 알 수 있다.

1.6.2 장비 사진

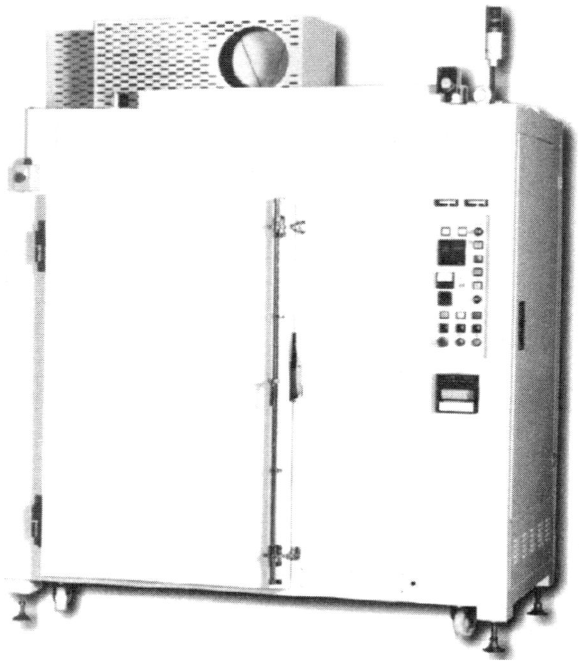

Box oven 기

Conveyor Dryer

Wicket Dryer

그림 6 건조기 모습

1.7 타겟 가이드 홀 드릴기

타겟 가이드 홀 드릴기는 PCB 및 필름 상에 있는 위치 맞춤 Target guide hole 마크의 중심에 홀을 가공하는 설비이다.

일반적으로 공정 순서는 타겟 가이드 홀 ϕ에 맞는 드릴 Bit 장착 → PCB 또는 필름 Setting → Image Sensing 또는 X-ray Sensing → 자동 위치 맞춤 → 드릴 → 반출 및 확인으로 이루어진다.

1.7.1 주요 사양

〈 표 7 〉 Target Guide hole 드릴기 사양도

No	항목	내용
1	적용 가능 재료	FPC, CCL, film
2	max 처리 가능 두께	max 1.0 mm(Punching 직경과 재료에 따라 변동)
3	max 작업 영역	max 600 × 500 mm
4	punching 정밀도	± 25 μm
5	punching 속도	65 hole / 분
6	이동 속도	X 축(60m/분), Y 축(60m/분)
7	Punching Power	max 1,078 N
8	Punch hole ϕ	ϕ 1.0 ~ 6.0 mm
9	Display	5.5″ TFT LCD
10	Target 마크 size	ϕ 0.6 ~ 3.0 mm
11	Center searching 원리	복합 Image Processing 원리
12	Image 영역	5.0 × 4.0 mm
13	Power	1ϕ , AC 200 V±10 %, 50/60 Hz
14	Air Pressure	0.4 ~ 0.7 MPa [주 4)]
15	기계 규격	1,380(W) × 1,680(D) × 1,275(H) mm
16	무 게	320 kg

Target Guide hole 드릴기 주요 사양에서 보면 1번의 적용 가능 재료는 FPC 즉, flexible PCB를 말하고, 일반 CCL 및 film도 가능함을 알 수 있다.

2번의 최대 처리 가능 두께는 최대 1.0 mm 까지이지만, 처리하려고 하는 재료의 재질과 드릴 ϕ에 따라 변동 가능함을 의미한다.

4번의 Punching 정밀도는 드릴 후 위치 정밀도로서 ±25 μm내의 오차를 보장한다는 것이며, 5번의 Punching 속도는 성능적인 부분으로 분당 65 hole의 가공이 가능하다는 것이다. 6번의 이동 속도는 위치 맞춤을 하는 Table의 x, y 축 속도를 말하며 , 7번의 Punching Power는 홀 가공시의 힘으로 최대 1,078 Newton이 가해진다는 것을 의미한다.

8번의 Punching hole ϕ는 ϕ1.0 ~ 6.0 mm로 가변함을 알 수 있고, 10번의 Target 마크 규격은 보드이든지 film이든지 ϕ0.6 ~ ϕ3.0 mm 내에서 가능하다는 것이다.

11번의 Center Searching이란 중심 잡는 원리가 Image Sensing 방식을 채택하고 있다는 것을 의미하며 즉, Target Guide 마크를 상을 Display에 띄워 Center를 잡아주는 방식을 적용한다는 것이다.

12번의 Image(상) 영역은 즉, Display에 뜨는 상의 크기를 말한다.

1.7.2 설비 사진 및 도면

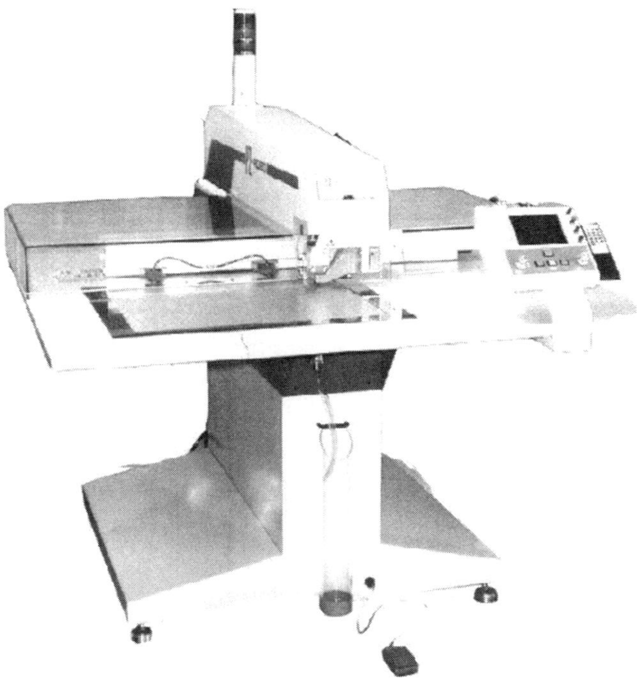

타겟 가이드 홀 드릴기 사진

주 4) MPa은 mega pascal로 압력 단위이다. 1 pa = 1n/m^{2}이고, M(mega)는 10^6을 의미하므로 1 MPa은 10^6 n/m^{2}를 나타낸다.

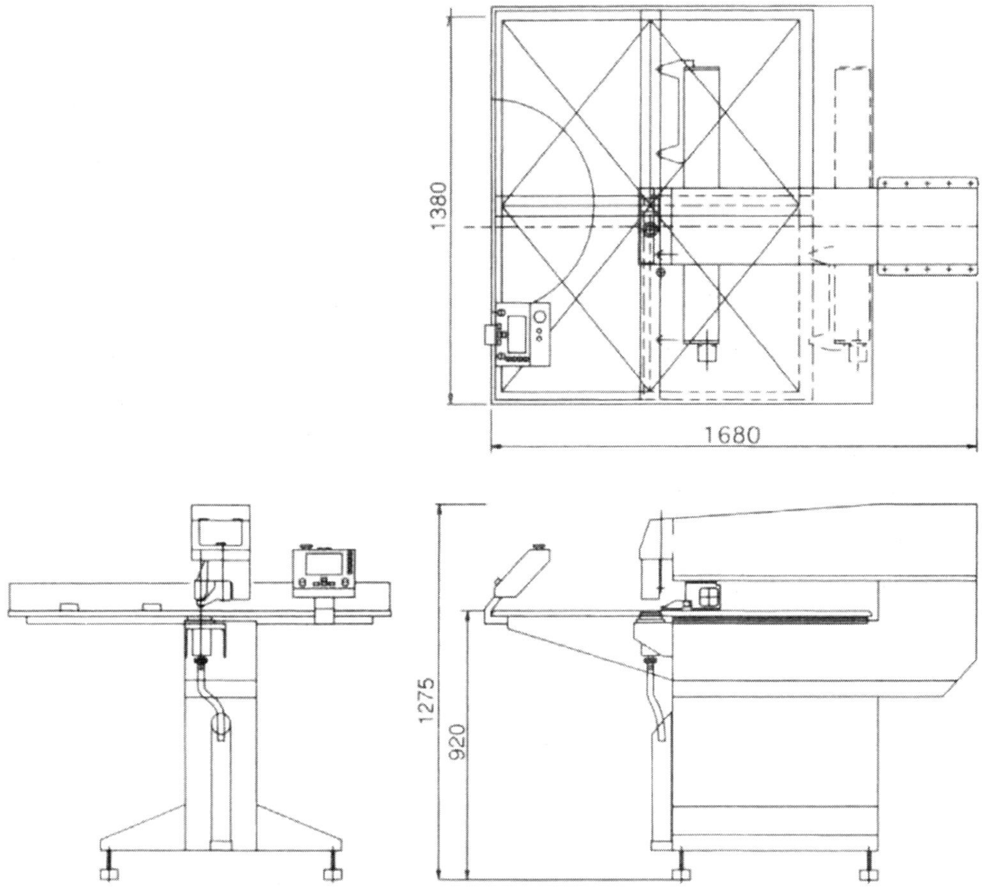

타겟 가이드 홀 드릴기 도면

그림 7 타겟 가이드 홀 드릴기 모습

1.8 리벳(rivet) M/C

리벳 M/C은 다층 PCB를 제조하기 위한 전단계로 내층 PCB를 제조하여 내층 PCB 간의 층간 접합(registration)을 위해 리벳 가이드 홀에 리벳 Pin을 삽입, 고정시켜 주는 설비이다.

공정 순서는 내층 PCB 리벳 Pin 준비 → 리벳 가이드 홀 간 리벳 Pin 삽입 고정 → 리벳 M/C 작동 → 리벳팅(rivetting) → 반출로 이루어진다.

1.8.1 주요 사양

〈 표 8 〉 rivet M/C 사양도

No	항목	내용
1	Power	AC 220 V
2	Pass Line	850 mm
3	상부 head	spare 1 EA
4	Air pressure	5 ~ 7 kg/cm^2
5	Table 규격	450(W) × 500(L) × 850(H) mm

이 주요 사양에서 2번의 Pass Line은 작업대의 보드가 놓여지는 높이를 말하며, 3번의 상부 head가 여분으로 하나가 더 있다는 것을 의미한다. 그리고 실린더의 상하 운동을 하기 위해 4번의 압축 air(5 ~7 kg/cm^2)가 필요하다는 것이다.

1.8.2 설비사진 및 도면

리벳 M/C 사진

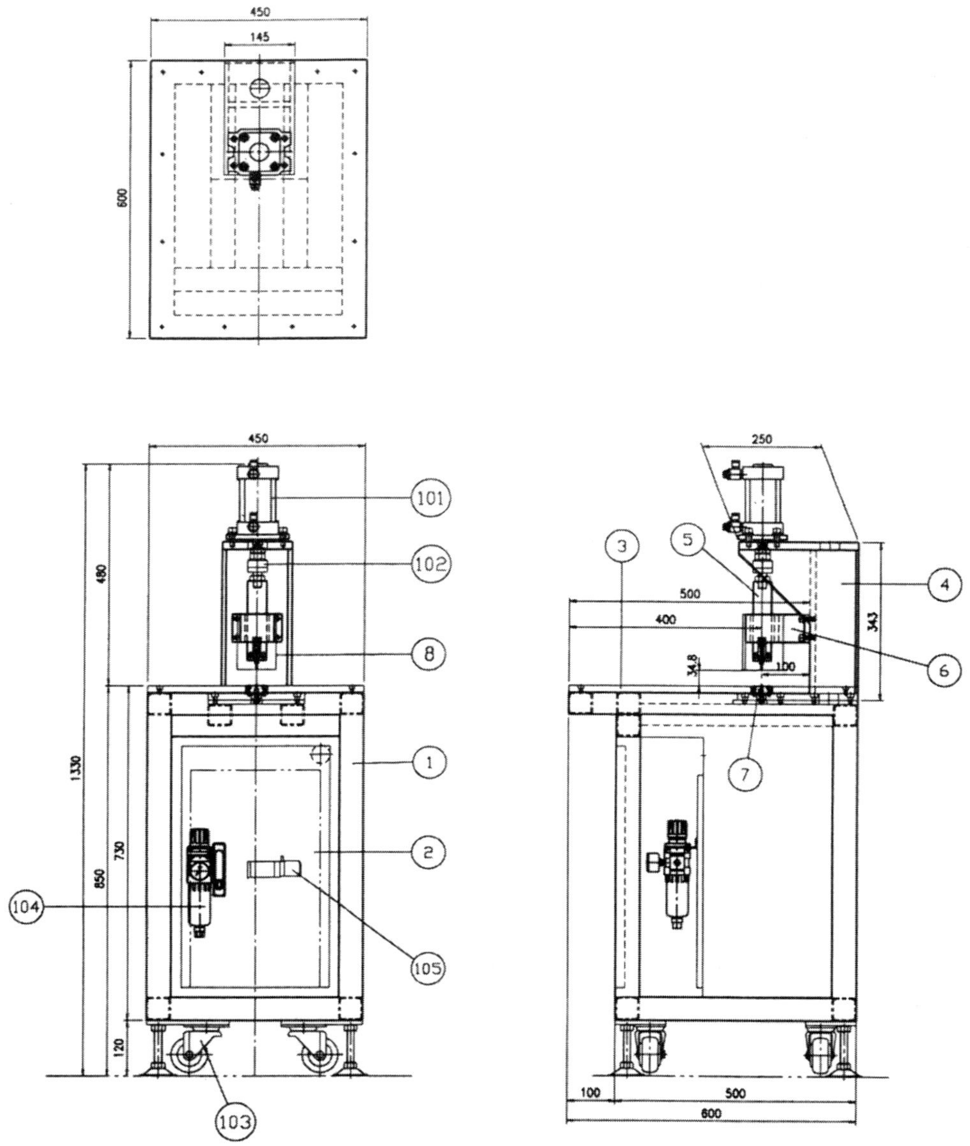

리벳 M/C 도면

그림 8 리벳 M/C의 모습

1.9 적층 Press 기

적층 Press 기는 다층 PCB를 제조하기 위한 설비로서 내층과 Pre-preg, Cu foil을 열과 압력으로 접착시켜주는 설비이다.

일반적으로 공정 순서는 내층 PCB, Pre-preg, Cu foil을 Lay-up → Booking → Press 조건 설정(압력, 온도, 시간 등) → Press 기에 투입 → Hot press → 해체/반출 → Cold press 기에 재 투입 → Cold press → 해체/ 반출로 이루어진다.

1.9.1 Hot press 주요 사양

〈 표 9-1 〉 Hot press 사양도

No	항목	단위	내용
1	열판 Size	mm	660 × 750
2	열판 두께	mm	36
3	max, 기판 size	mm	610×700
4	표준 적층 압력	N/cm^2	293
5	closing 압력	KN(ton)	1,250(138)
6	opening 수		4 ~ 10
7	opening 간격	mm	84
8	closing stroke	mm	120
9	piston 직경	mm	1 × 250
10	max. system 압력	bar	255
11	전기 모터 power	kw	4.0
12	closing 속도	mm/sec	0 ~ 27.5
13	pressing 속도	mm/sec	0 ~ 1.8
14	opening 속도	mm/sec	0 ~ 30
15	동작 온도	℃	280
16	히터 용량	kW/H	96
17	냉 각 수	m^3/h	4.2
18	heating rate	℃/분	9.9
19	max. vacuum	mbar/inchHg	≥ 10
20	진공 펌프	m^3/h	100
21	전기 모터 power 진공 펌프	kw HP	2.2 2.0
22	press size	mm×mm×mm	1,220(W) × 1,060(L) × 1,970(H)

이 Hot press 설비의 사양에서 1,2번은 Hot plate 즉, 히터가 내장되어 있는 열 공급이 되는 각 단의 열판의 규격으로 가로 × 세로가 600 × 750 mm이고, 두께가 36 mm라는 것이다. 따라서, 3번의 press 가능한 최대 기판 규격이 이 열판보다 작은 610 × 700 mm가 되는 것이다.

4번의 표준 적층 압력은 가장 일반적인 압력으로 293 N/cm^{2}이며 이는 최대 기판 Size(610 × 700 mm)로 적용하면 5번의 closing 압력 1,250KN(138 Ton)이 된다.

6번의 opening 수는 적층을 동시에 할 수 있는 단수를 말하며, 7번의 opening 간격은 84 mm로 열려져 있다는 것이다. 8번의 closing stroke은 닫혀져 움직이는 거리가 12 mm까지 된다는 것이다.

9번의 piston 직경은 상 · 하 운동하는 실린더의 ϕ로서 1개 250 mm ϕ로 구성되어 있다는 것을 알 수 있다. 10번의 max system 압력은 이 press가 낼 수 있는 최대 압력으로 255 Bar 즉, 2,555 N/cm^{2}로 max 기판 Size 610 × 700 mm를 기준한다면 최대 10,909 KN(1,199 Ton) 압력을 줄 수 있다는 것이다. 참고로 단위를 정리하면 1 N/cm^2 = 1.42 PSI , 1 Bar = 14.2 PSI = 10 N/cm^2 , 1 Ton = 9.1 KN이다.

12, 13, 14 번은 단의 닫힘, 열림, 닫힌 후 press 속도를 나타내는 항목이다.

15번의 동작 온도는 최대 280℃ 까지 온도를 올릴 수 있다는 것이고, 여기에 따라 16번의 히터의 용량이 96Kw/hr가 소요됨을 알 수 있고, 17번의 냉각수는 당연히 필요하며 4.2 m^3/hr가 필요함을 알 수 있다.

그림 9-1 Hot press 모습

18번의 heating rate는 온도 상승률로 9.9 ℃/분의 상승률을 의미한다.

19번의 Vacuum은 진공 상태의 press가 되도록 하기 위해 최대 10 mbar/inchHg 정도의 압력이 요구됨을 알 수 있다. 20, 21번은 진공 펌프 및 전기 모터의 용량들을 나타내고 있다.

1.9.2 Cold press 주요 사양

〈 표 9-2 〉 Cold press 사양도

No	항목	단위	내용
1	열판 Size	mm	660 × 750
2	closing 압력	KN(Ton)	100(11)
3	opening 수		4 ~ 10
4	opening 간격	mm	84
5	closing stroke	mm	120
6	closing 속도	mm/sec	27
7	전기모터 power	Kw	2.2
8	opening 속도	mm/sec	30
9	max system 압력	bar	199
10	동작 온도	℃	130
11	냉 각 수	m^3/h	2.8
12	cold press size	mm×mm×mm	800(W) × 1,000(L) × 1,624(H)

이 cold press 사양도에서 Hot press의 사양을 이해한다면 대부분 이해가 갈 것으로 보인다. 단, 큰 차이는 Hot press의 압력 조건보다 훨씬 적게 압력이 적용된다는 것이다. 10번의 동작 온도는 cooling된 냉각수를 냉각판에 순환시킬 경우 130 ℃ 정도를 유지한다는 것이다. 11번의 냉각수 공급은 2.8 m^3/h이 필요함을 알 수 있다.

그림 9-2 cold press 모습

1.9.3 Loading & unloading system 주요 사양

Loading & unloading system은 press의 자동화에 맞추어 Lay - up 및 Booking 완료된 기판들을 자동으로 Press 기에 투입 및 반출시켜주는 장치로서 press 기(Hot& cold)의 주변 설비로서 중요한 역할을 한다.

〈 표 9-3 〉 Loading & unloading system 사양도

No	항목	단위	내용
1	판 Size	mm	660 × 750
2	opening 수		4 ~ 10
3	opening 간격	mm	120
4	closing stroke	mm	100
5	규 격	mm	1,200(W) × 2,050(L) × 1m897(H)

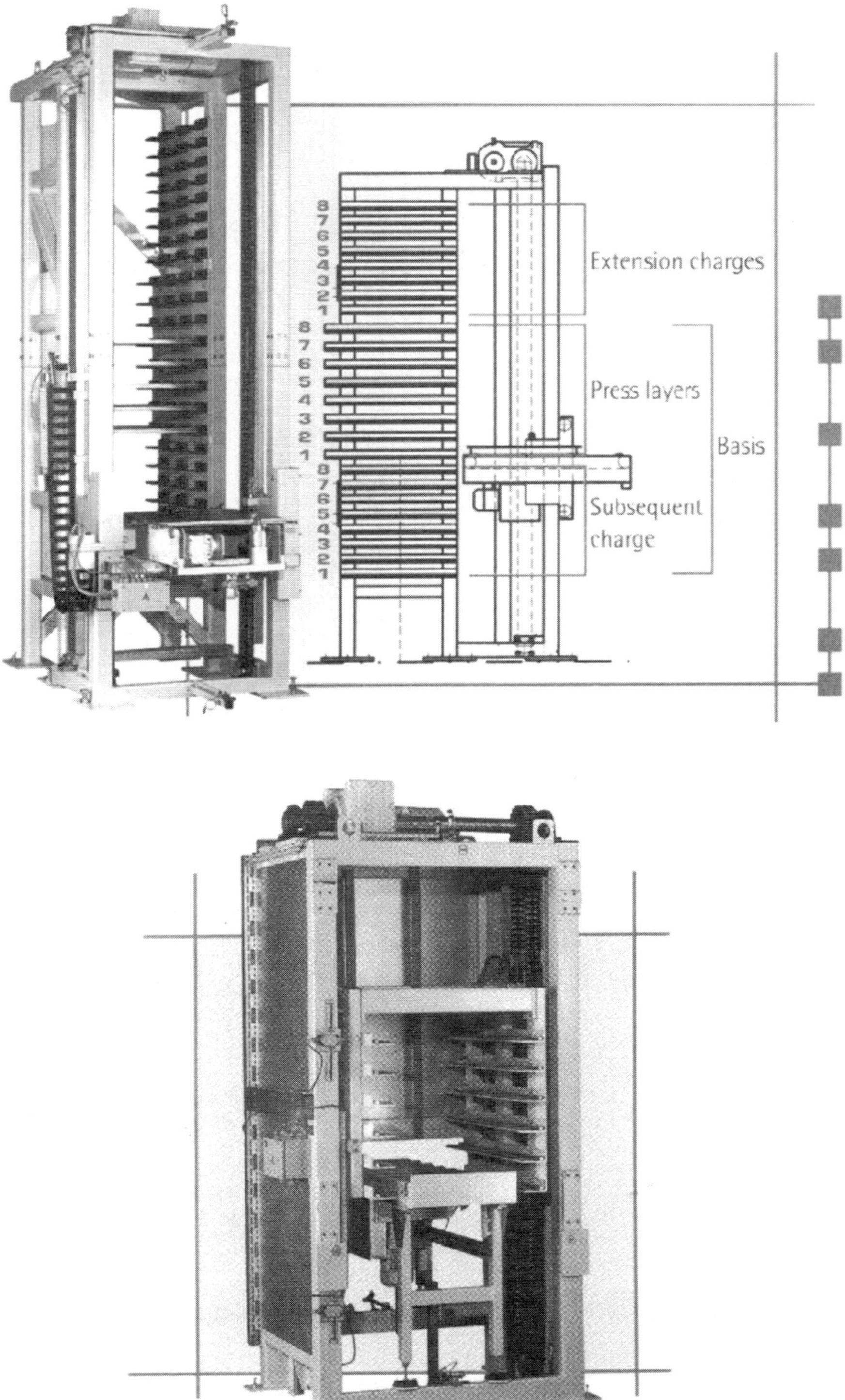

그림 9-3 Loading & unloading system 모습

1.9.4 부속 설비들

Press하기 위한 부속 설비/장치들도 필요하다. 여기에 간략히 소개하면 다음과 같다.

1) Lay - up table

Lay - up table은 수작업으로 내층, pre-preg, Cu foil, Separate Plate, Cushion pad 등을 일정한 위치에 정해진 순서에 의해 정렬하는 작업을 할 수 있는 table을 말한다.

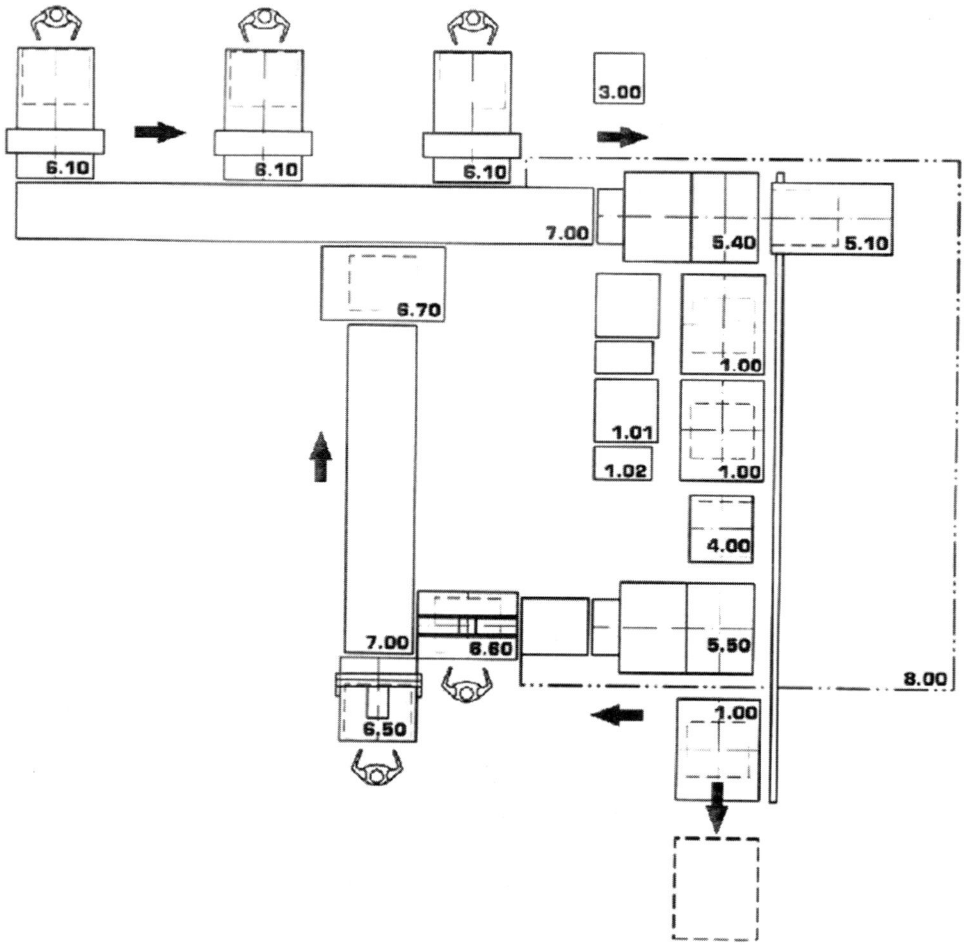

그림 9-4 Lay - up table 모습

2) Conveying 도구(Roller Conveyor)

Conveying 도구는 Lay - up 및 Booking 완료된 내층 기판들을 press 기까지 이동시켜주는 Roller가 부착된 Conveyor 구조물을 말한다.

1.10 잉크 교반기(ink mixer)

PCB 제조에 사용되는 ink 류를 사용전 mixing하기 위한 장비로 공정 순서는 다음과 같다.

ink의 주제 및 경화제를 개봉 → 주제/경화제 혼합 → 교반기에 장착 → 교반기 작동 → 반출로 이루어진다.

1.10.1 주요 사양

ink 교반기 사양은 크게 어려운 것은 없다. 1번의 최대 교반 용량은 5L ink 까지 교반이 가능하다는 것이고, 회전 속도는 0 ~ 120 rpm으로 가변 조정이 가능하다는 것이다.

〈 표 10 〉 잉크 교반기 사양도

항목	내용
최대 교반 용량	5ℓ
회전 속도	0 ~ 120 rpm
Power	220 V, 단상, 45 W
중 량	20 kg

1.10.2 설비 사진

그림 10 잉크 교반기 모습

1.11 스텍킹 M/C(Stacking M/C)

스텍킹 M/C은 CNC 드릴 가공전에 재단/면취 완료된 PCB와 entry 보드(보통, AL foil 사용), Back up 보드(Wood 및 Phenol 기판)를 Stacking hole을 가공하여 Stacking Pin을 삽입하여 고정해 주는 설비이다.

공정 순서는 entry 보드, Back up 보드, 적정량의 PCB 준비 → Stacking hole 가공 → Stacking Pin 삽입 → 반출로 이루어진다.

1.11.1 주요 사양

〈 표 11 〉 Stacking M/C 사양도

No	항목	내용
1	처리 가능 보드 규격	min. 250(W) × 250(L)(mm)
2	Pass Line	max. 610(W) × 510(L)(mm)
3	Stacking Type	900 ± 50 mm
4	Stacking pin	Cylinder Press type
5	Stack 높이	ϕ 3.175 × 16 mm
6	전 원	max. 8 mm(Back up 보드 + 제품 + AL foil)
7	공 압	5 ~ 7 kg/cm^2, 40 ℓ /분
8	규 격	1,250(W) × 570(L) × 1,674(H)(mm)

이 Stacking M/C 사양에서 보면 3번의 Stacking Type은 Cylinder가 상 · 하 운동하면서 pin을 press하여 stacking한다는 것이고, 4번 stacking pin의 규격은 ϕ 3.715 직경의 16 mm 길이의 pin을 사용한다는 것이며, 5번의 최대 stack 높이가 8 mm 임을 알 수 있다.

1.11.2 설비 사진 및 도면

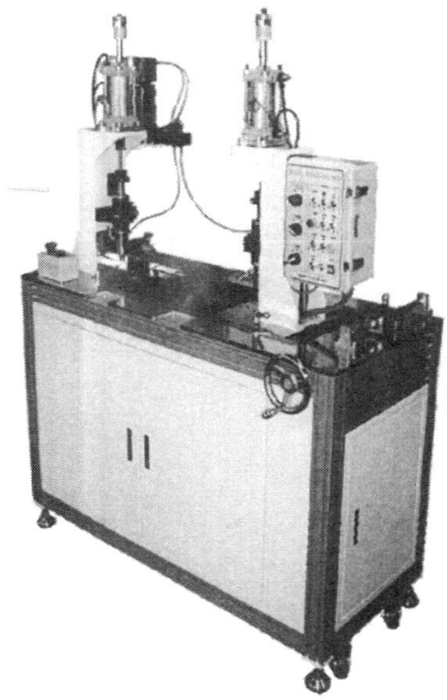

Stacking M/C 사진

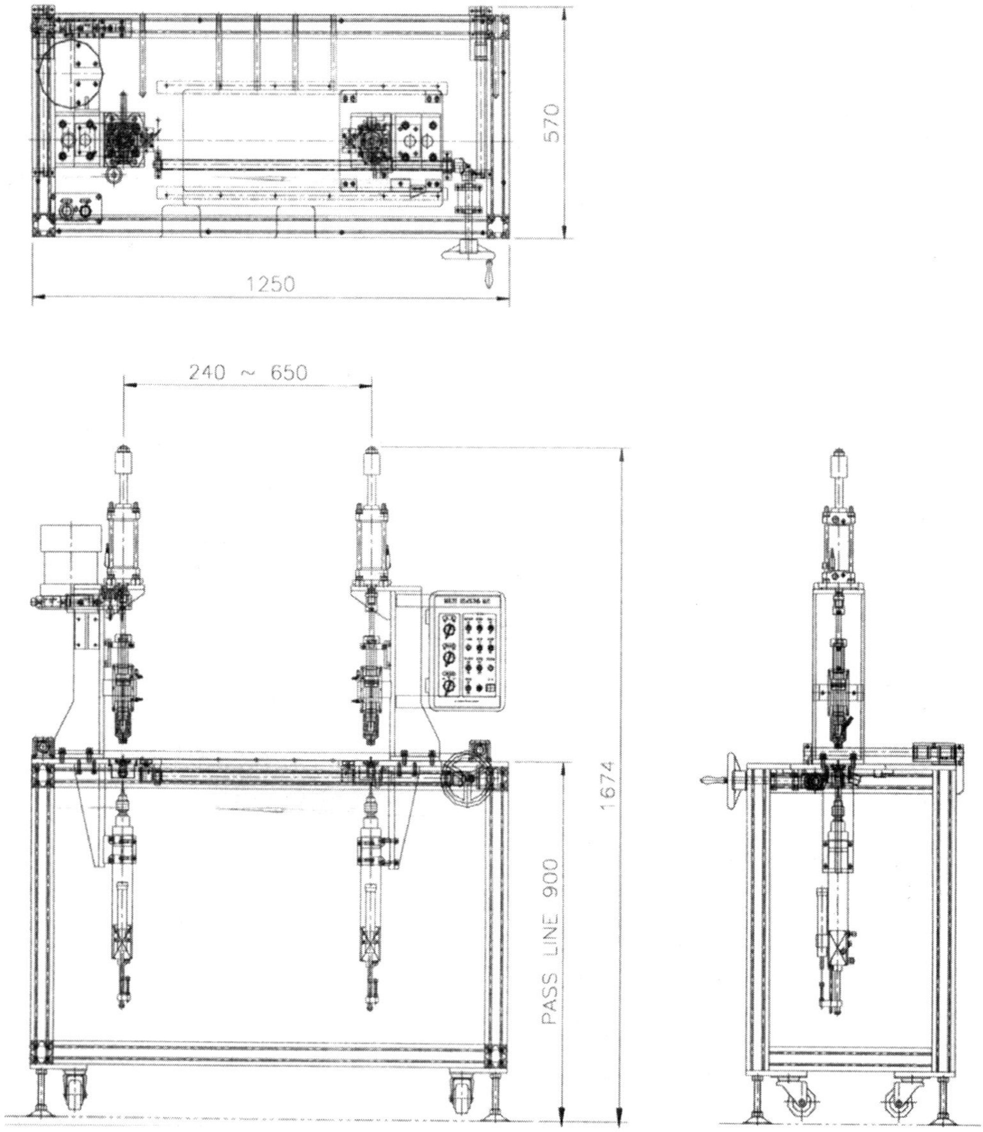

Stacking M/C 도면

그림 11 Stacking M/C 모습

1.12 CNC 드릴(Dill) M/C

CNC 드릴 M/C은 PCB에 홀(hole) (부품 실장 홀, through via 홀, 기구 홀 등)을 자동으로 수치 제어가 되면서 가공하는 정밀 설비이다.

여기에 소개하는 것은 홀을 기계적으로 가공하는 mechanical 드릴에 대한 부분이고, Laser로 가공하는 방식은 다음에 소개하겠다.

주요 공정 순서는 가공할 홀 ϕ 별 Bit 준비 → 링 Setting → 스텍킹된 PCB를 드릴 M/C Table에 고정 → 가공 홀 프로그램 입력 → 작동 → 홀 가공 → 반출로 이루어진다.

1.12.1 주요 사양

〈 표 12 〉 CNC 드릴 사양도

No	항목	내용
1	축 수	1 ~ 6 축
2	작업 범위	650 × 520 mm
3	max 작업 가능 범위	650 × 525 mm
4	축간 거리	542 mm
5	재 현 성	0.001 mm
6	정 밀 도	± 0.05 mm
7	Spindle 회전수	20,000 ~ 160,000 rpm
8	Spindle 방식	air bearing
9	ATC 수	150 ea
10	Z축 이동 거리	80 mm
11	XY축 이동 속도	45,000 mm/분
12	Z축 이동 속도	infeed : 15,000 mm/분 retraction : 25,000 mm/분
13	위치 정밀도	± 0.005 mm
14	적용 Bit ϕ	ϕ 0.1 ~ ϕ 6.35
15	CNC Controller	SPNC-400 PC
16	Power	3상, 220 V, 50/60 Hz, 5~25 KVA
17	장비 규격	4,200(W) × 2,200(D) × 1,800(H) mm
18	장비 무게	2,000 ~ 9,000 kg

이 CNC 드릴 사양에서 보면 1번 축수란 것은 PCB에 홀을 가공하는 Bit를 물고 회전력을 전달해주는 Spindle의 수를 말한다.

5번의 재현성은 같은 위치의 홀을 재 가공시의 홀의 위치 정밀도로 오차 0.001 mm(1 μm) 정도로 정교하다는 것이다.

6번의 정밀도는 기계 자체의 정밀도를 말하며 ±0.05 mm(±50 μm) 정도를 의미한다.

7번의 Spindle 회전수는 곧 Bit의 회전수 rpm을 뜻하고, 8번의 Spindle 방식에서 Spindle 회전은 air bearing을 이용한다는 것이다. 9번의 ATC(Automatic Tool change)로 Bit를 ϕ 별로 150 ea 장착됨을 의미한다.

10번의 Z축 이동 거리는 Spindle에 장착되어 있는 Bit의 수직 이동 거리를 말하여 80 mm 수직 운동을 함을 뜻한다. 11번의 xy축 이동 속도는 45,000 mm(45 m)/분의 속도로 X,Y 축을 이동하면서 홀을 가공한다는 것을 말하며, 12번의 Z축 이동 속도는 infeed(진입)시 15,000 mm/분, retract(후퇴)시 25,000 mm/분임을 알 수 있다.

13번의 위치 정밀도는 수치 제어 능력을 말하며, 가공하려는 홀의 위치에서 ±5 μm의 정밀성을 갖으며 가공된다는 것을 의미한다.

14번 적용 Bit ϕ가 ϕ0.1~ ϕ6.35로 범위가 넓음을 알 수 있다.

1.12.2 설비 사진

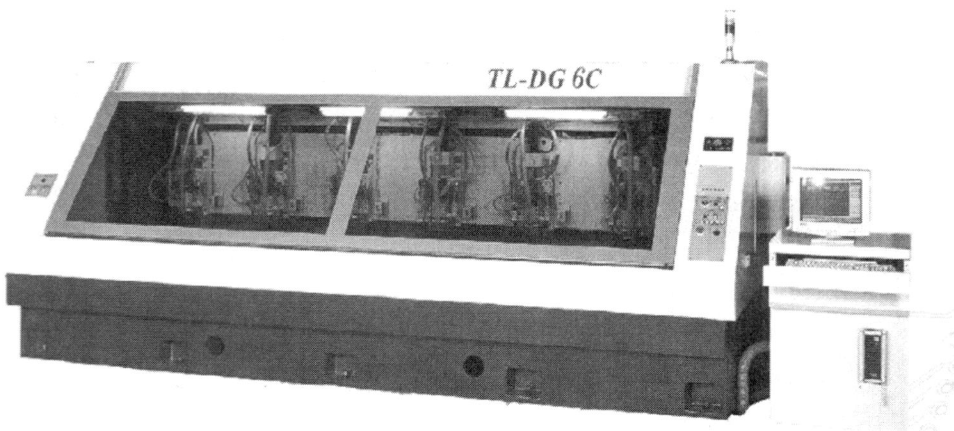

그림 12 CNC 드릴 M/C 모습

1.13 스크린 견장기(Stretcher)

Stretcher는 인쇄용 Screen 프레임에 Silk Screen을 견장하는 설비로서 크게 전동식, 에어식 등으로 나누어진다.

공정 순서는 인쇄 사양에 맞는 프레임, 스크린 준비(프레임 크기, mesh count, type 등) → 프레임을 견장기 중앙에 위치 → 스크린을 올려놓고 견장기 clamp로 4 모서리에서 견장 Tension 적용 → 본딩(1, 2차 각 본딩 후 자연 건조) → 스크린 외각 Trim → 반출로 이루어진다.

1.13.1 주요 사양

〈 표 13 〉 견장기 사양도

No	항목	에어식	전동식
1	최대 견장틀 크기	1,000 × 1,000 mm	1,000 × 2,000 mm
2	air 압력	0.75 kW(9.5 kg/cm^2)	
3	작업 테이블 크기	1,800 × 1,800 mm	1,500 × 2,700 mm
4	전기 용량		0.4 kW × 3대

이 주요 사양에서 에어식은 2번의 압축 air가 필요하며, 전동식은 4번의 전력이 소모된다.

1.13.2 설비 사진

에어식

전동식

그림 13 견장기 모습

1.14 유제 코팅기

유제 코팅기는 인쇄용 스크린 프레임에 원하는 부위의 인쇄를 하기 위해 감광성 유제를 코팅해 주는 설비이다.

주요 공정 순서는 인쇄용 스크린 프레임을 유제 코팅기에 장착 → 유제가 담긴 바겟트를 구동 → 인쇄면 및 스퀴지면에 유제를 코팅(1~3 차) 및 건조(2~3 차) → 반출하여 이루어진다.

1.14.1 주요 사양

〈 표 14 〉 유제 코팅기 사양도

No	항목	내용
1	구동 방식	AC servo 모터, 압축
2	max. 스크린판	1,200 × 1,200 mm
3	min. 스크린판	300 × 300 mm
4	도포 Size	1,000 × 1,000 mm
5	도포 속도	0 ~ 0.2 m/sec
6	input air 압력	3 ~ 5 kg/cm^2
7	공기 소모량	0 ~ 0.8 ℓ /cycle
8	Power	AC 220 V, 2상, 5A
9	장비 규격	1,855(W) × 704(D) × 2,072(H) mm
10	중 력	350 kg

이 유제 코팅기 사양에서 5번의 도포 속도는 바겟트가 하에서 상으로 일정한 경사각도를 갖고 직선 운동을 하는 속도를 말하며 그 속도가 0 ~ 0.2 m/sec로 조정 가능하다는 것이다.

6번의 input air 압력은 바겟트가 스크린 망사에 경사지게 하에서 상으로 직선 운동할 때 가해지는 압력을 말하며 그 압력이 3~5 kg/cm^2 범위인 것을 알 수 있다.

7번의 공기 소모량은 바겟트가 상 · 하 운동하기 위한 air로서 1회 왕복 운동시 최대 0.8ℓ의 air가 소모됨을 의미한다.

1.14.2 설비 사진

그림 14 유제 코팅기 모습

1.15 제판 노광기

제판 노광기는 유제 코팅된 스크린 상에 인쇄상을 형성시키기 위한 전 단계로 원하는 필름을 올려놓고 밀착 후 U.V 빛을 쪼여 주어 유제의 광 중합을 일으키게 하는 설비로서 주요 공정은 유제 코팅이 완료된 프레임과 Film을 노광기 프레임에 위치 → 상 Cover를 덮고 진공 흡착 → 적정 노광량 조사 → 반출로 이루어진다.

1.15.1 주요 사양

〈 표 15 〉 제판 노광기 사양도

No	항목	내용
1	작업 면적	1,400 × 1,400 mm
2	유효 작업 면적	1,000 × 1,000 mm
3	진공 펌프	120ℓ /분 oil type pump
4	광원 노출 방식	순간 점등식
5	냉각 방식	강제 공냉식
6	U.V Lamp	수은(mercury) 3 kw
7	Power	220 V, 단상, 3.5 kw

이 제판 노광기 사양에서 2 번의 유효 작업 면적이란 U.V 빛이 균일하게 조사되어 품질을 보증할 수 있는 면적을 의미하며 가능한 이 범위내의 노광을 추천하는 것이다. 3번의 진공 펌프는 진공 흡착하기 위한 펌프로 oil을 이용한 펌프로 120ℓ /분의 용량을 갖춰야 한다는 것이다.

4번의 광원 노출 방식은 U.V 빛이 조사될 때 순간적으로 점등되는 방식을 말한다. 6번의 U.V Lamp는 여러 종류 중 수은등 3 kW 용량의 것을 사용한다는 것이다.

1.15.2 설비 사진

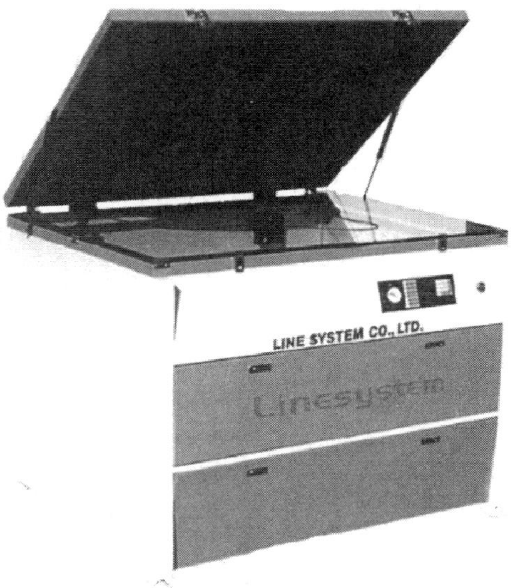

그림 15 제판 노광기 모습

1.16 인쇄기(Printer)

인쇄기는 PCB에 ink를 coating해 주는 설비로 여러 방식이 있지만 여기서는 Screen 인쇄기에 대해서 설명한다.

공정 순서는 인쇄 스크린 프레임을 장착 → PCB와 위치, Gap을 맞춤 → mixing 된 ink를 스크린 상에 적정량 따름 → 스퀴지로 적절하게 밀착 인쇄 → 반출로 이루어진다.

1.16.1 주요 사양

〈 표 16 〉 인쇄기 사양도

No	항목	내용
1	구동 방식	AC 서보 모터 1축
2	max 인쇄 범위	700 × 1,000 mm
3	작업 Table	850 × 1,150 mm
4	스크린판 규격	max 950 × 1,150 mm
5	인쇄물 최대 높이	20 mm
6	인쇄 속도	max 900 PNL/hr
7	Power	AC 220 V/단상, 380 V/3상, 25A
8	input air 압력	5 kg/cm^2
9	공기 소모량	1.2ℓ /cycle
10	인쇄기 규격	1,300(W) × 1,550(D) × 1,350(H) mm
11	중 량	900 kg

이 인쇄기 사양에서 1번의 구동 모터는 AC서보모터 1축으로 되어 있다는 것이고, 4번의 스크린 프레임의 규격을 보면 폭이 3번의 작업 Table보다 100 mm가 커도 가능함을 알 수 있다. 이것은 스크린 프레임의 뼈대가 50 mm로 되어있기 때문이다.

5번의 인쇄물 최대 높이는 PCB와 스크린 프레임과의 gap(off-contact)의 최대 높이를 의미한다.

6번의 인쇄 속도는 생산량으로 반자동 인쇄시 시간당 900 Panel을 처리할 수 있다는 것이다.

8번에 input air 압력은 스퀴지가 상 · 하 운동하는데 필요한 압력으로 5 kg/cm^2

정도가 필요함을 알 수 있다. 또한, 이때 소모되는 air 량이 9번에 나타나 있다.

그림 16 인쇄기 모습

1.16.2 설비 사진

1.17 CNC 라우팅 M/C

CNC 라우팅 M/C은 최종 완제품 PCB의 규격(가로, 세로, 형태 등)에 맞게 수치 제어되어 제품을 잘라내는 설비이다.

주요 공정 순서는 최종 완료된 PCB를 적정 수량을 Stacking → 라우팅 프로그램 입력 → 라우팅 Bit ϕ 및 조건 설정 → 라우터 구동 → PCB 가공 → 해체로서 이루어진다.

1.17.1 주요 사양

〈 표 17 〉 라우터 사양도

No	항목	내용
1	축 수	1 ~ 6 축
2	작업 범위	650 × 520 mm
3	max 작업 범위	650 × 625 mm
4	축간 거리	542 mm
5	재 현 성	0.001 mm
6	정 밀 도	± 0.05 mm
7	spindle 회전수	15,000 ~ 60,000 rpm
8	ATC 수	8 ea
9	Z축 이동 속도	80 mm
10	XY축 이동 속도	25,000 mm/분
11	Z축 이동 속도	infeed : 15,000 mm/분 retraction : 25,000 mm/분
12	XY축 위치 정밀도	± 0.005 mm
13	CNC Controller	SPNC - 400 PC
14	Power	3ϕ , 220 V, 50/60 Hz, 5~25 KVA
15	장비 규격	4,200(W) × 2,200(D) × 1,800(H) mm
16	중 량	9,000 kg

이 CNC 라우터 사양에서 4번의 축간 거리는 Spindle 축간의 거리를 말하며, 5번의 재현성은 같은 Program을 재차 실행하여 PCB를 외각 가공하였을때의 칫수 오차를 말한다. 즉, 0.001 mm(1 μm)이므로 정밀도가 우수하다는 것을 알 수 있다.

6번의 정밀도는 기계 자체의 정밀도를 말한다. 즉, ±0.05 mm(±50 μm)의 오차 범위 내에서 가공 가능하다는 것이다.

12번의 XY축 위치 정밀도는 X축, Y축 가공시의 위치 정밀도로 ±0.005 mm(±5 μm) 이내의 정밀도를 갖는다는 것을 알 수 있다.

1.17.2 설비 사진

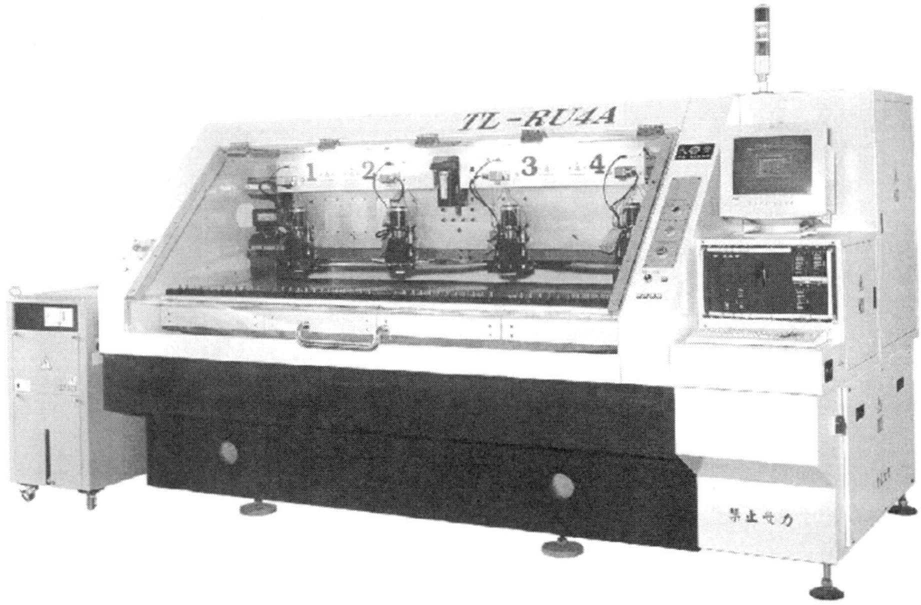

그림 17 CNC 라우팅 M/C 모습

1.18 V-Cutting M/C

V-Cutting M/C은 최종 PCB의 업체 요구상 낱개(PCS) 상태가 아닌 array 상태로 가공 요청이 있을 때 제품에 V-홈 형태로 가공을 하는 설비이다.

주 공정 순서는 최종 PCB의 V-cut 규격(홈 각도, V-홈 길이, V-홈 폭, 가로, 세로, 등) 확인 → V-cut 조건 설정 → PCB 투입 → V-cutting → 반출 → 확인 및 재 조정으로 이루어진다.

1.18.1 주요 사양

〈 표 18 〉 V-cut M/C 사양도

No	항목	내용
1	축 수	2 ~ 4
2	작업 범위	60 ~ 600 mm
3	스핀들 회전 속도	0 ~ 6,400 rpm
4	상하 깊이 결정 정밀도	± 0.01 mm
5	Power	AC 220 V, 단상

이 V-cut M/C 사양에서 보면 1번의 축수는 V-cutter가 장착되는 수를 의미한다. 즉, 2~4축까지 가변이 가능하다는 것이다.

2번의 작업 범위는 V-cut가 되는 폭의 범위를 나타낸다. 즉, 60 ~ 600 mm 폭까지 가공이 된다는 것이다.

3번의 Spindle 회전 속도는 V-cutter를 회전시키는 Ball bearing이 들어 있는 Spindle의 회전수를 말하여 6,400 rpm 까지 가능함을 알 수 있다.

4번의 상하 깊이 결정 정밀도는 위의 V-cutter와 아래 V-cutter의 일치성의 정도를 말하며, 그것을 조정하여 최대 ±0.01 mm 즉, ±10 μm이내로 Setting할 수 있음을 의미한다.

1.18.2 설비 사진

그림 18 V–cut M/C 모습

1.19 수취기(투입/반출기)

PCB 생산 라인의 무인 자동화 설비 중 하나로 PCB를 생산 설비에 투입(loading) 및 반출(unloading)시켜주는 설비로서 공정 순서는 PCB를 적재 또는 racking → 투입(loading) → 설비 통과 → 반출(unloading) 순서로 이루어진다.

1.19.1 주요 사양

〈 표 19 〉 수취기 사양도

No	항목	수직형	Rack 형
1	작업 가능 PCB 규격	max 510 × 610 mm min 250 × 300 mm	max 510 × 610 mm min 250 × 300 mm
2	PCB 두께	0.1 ~ 3.2 mm	0.8 ~ 3.2 mm
3	구동 속도(생산량)	7 ~ 10 panel/분	7 panel/분
4	Rack 용량	1.6t × 120 sheet	20 ~ 25 Panel/Rack
5	Al rack 규격		250 mm
6	Power	220 V, 3상, 0.15 kw	220 V, 3상, 0.15 kw
7	Air compressor	5 ~ 7 kg/cm^2	5 ~ 7 kg/cm^2
8	Pass Line	950 ± 50 mm	930 ± 30 mm

위 수취기 사양에서 보면 두가지 종류를 알 수 있는데 수직형은 PCB를 수평 적재시킨 상태에서 일반적으로 진공 고무 흡착다리 로봇이 PCB를 한 panel 씩 들어 올려 PCB 설비에 수평 투입시켜서 설비내에서 처리 후에 반출기에서는 한 panel 씩 수직 적재시키는 방식으로 행해지며, rack 형은 처음에 수평 투입은 수직형과 마찬가지로 같거나 또는 처음부터 panel을 rack에 장착된 상태에서 한 panel 씩 투입시키는 방식으로 되어 있고, 마지막 반출시에는 모두 rack에 장착시키는 방식을 채택하고 있다.

2번의 처리 가능한 PCB 두께를 보면 수직형은 rack에 panel을 꽂아 장착하지 않기 때문에 0.1t까지 가능하지만 rack 방식은 0.8t 이하는 panel의 굴곡으로 인해 PCB 끼리 닿아서 제 2의 불량을 유발할 수 있기 때문에 PCB의 처리 두께가 제약을 받고 있음을 알 수 있다.

3번의 생산량도 수직형이 rack 형보다 많은 것은 rack에 PCB를 장착하는데 시간이 더 걸리기 때문이다.

그렇지만, 실질적으로는 수직형에서는 PCB 끼리 접촉하면서 발생되는 새로운 불량의 위험성이 있는 반면, rack 방식은 품질적인 면에서 수직형보다는 우수할 수 있다는 것을 알 수 있다.

4번의 rack 용량은 수직형은 수평 또는 수직 적재시 적재 가능한 PCB의 수량을 나타내며, 1.6 t, 120 panel을 적재할 수 있다는 것이고, rack 형은 rack 당 20 ~ 25 panel이 적재 가능하다는 것이다.

5번 A1 rack 규격은 Rack 형에 해당 적용되며 그 규격이 길이가 250 mm 라는 것이다.

1.19.2 설비 사진 및 도면

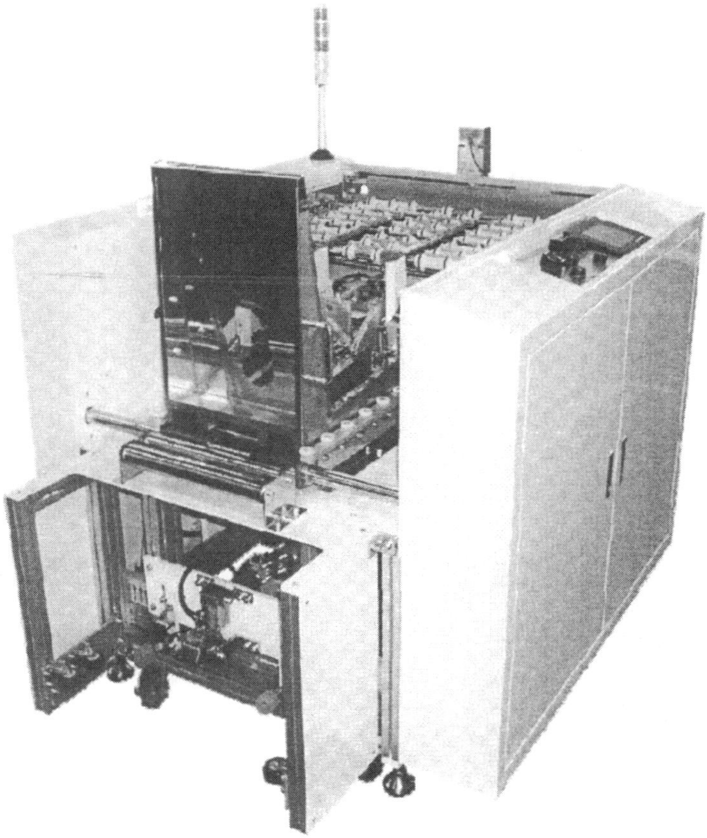

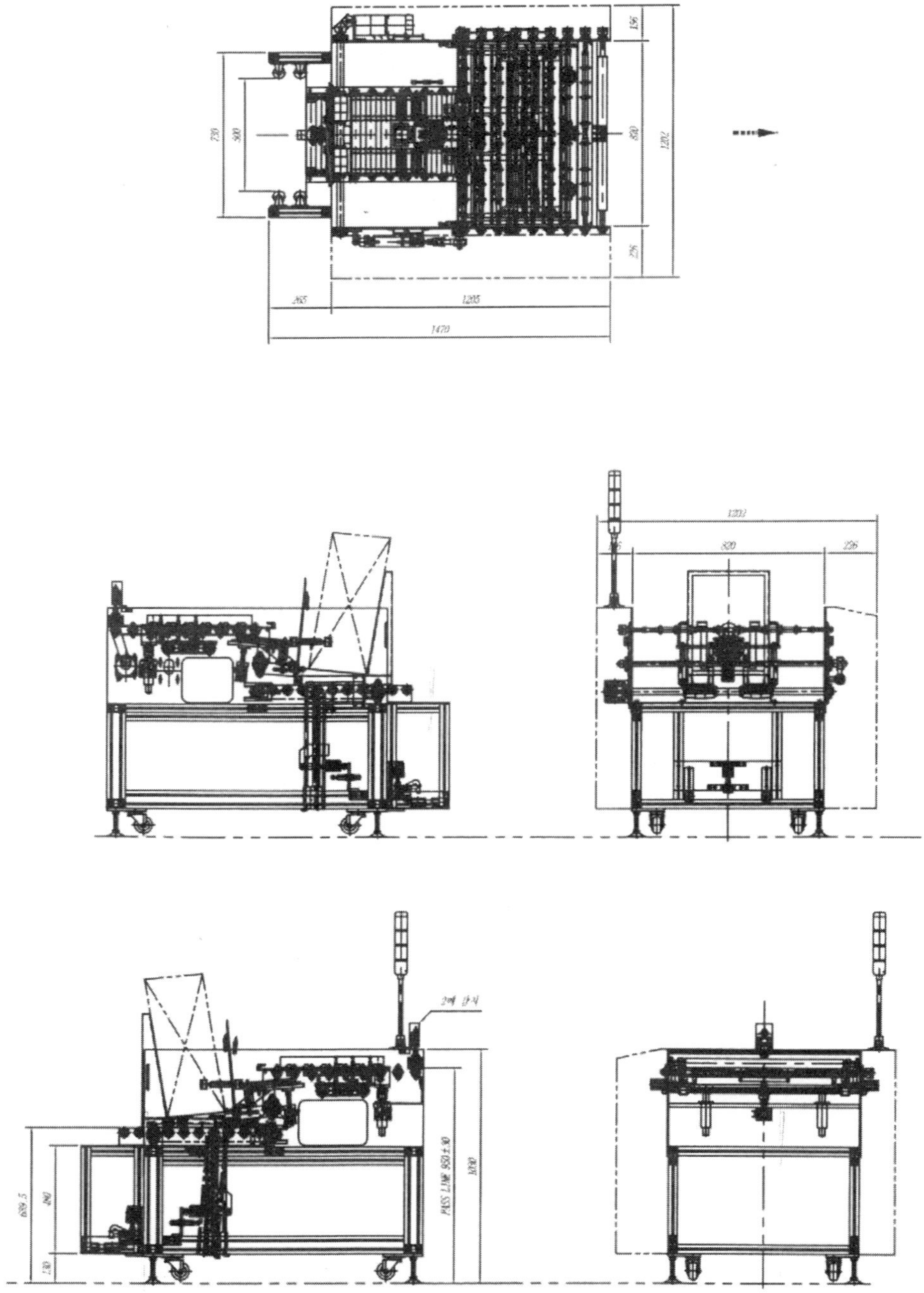

수직형 Loader 도면

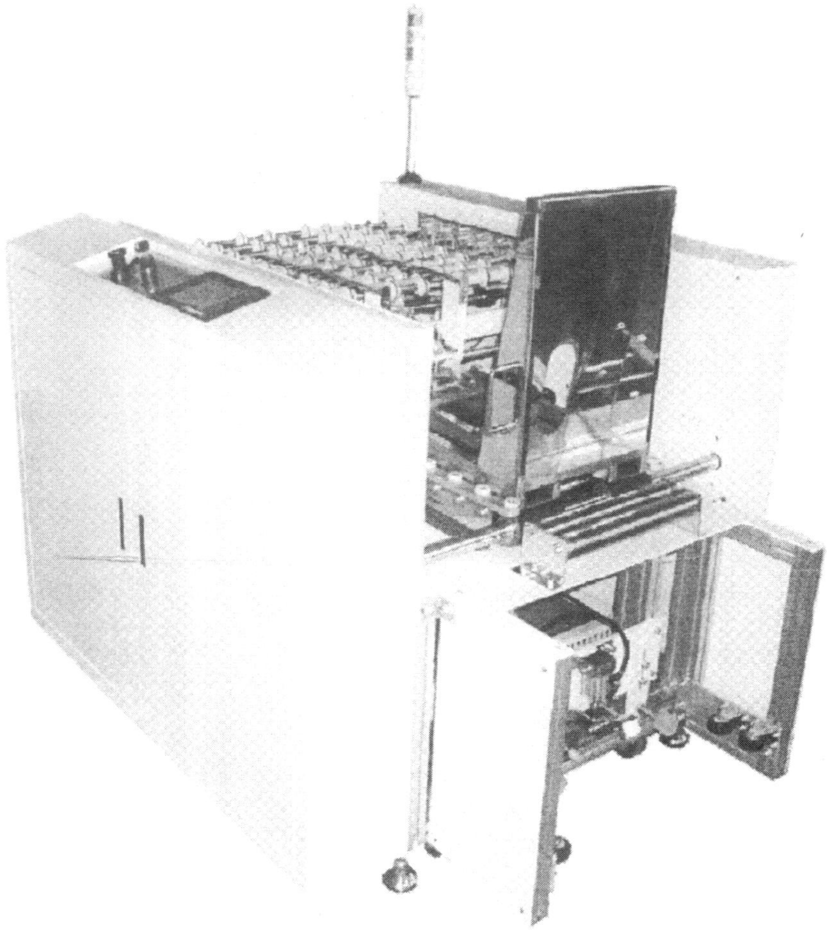

수직형 unloader

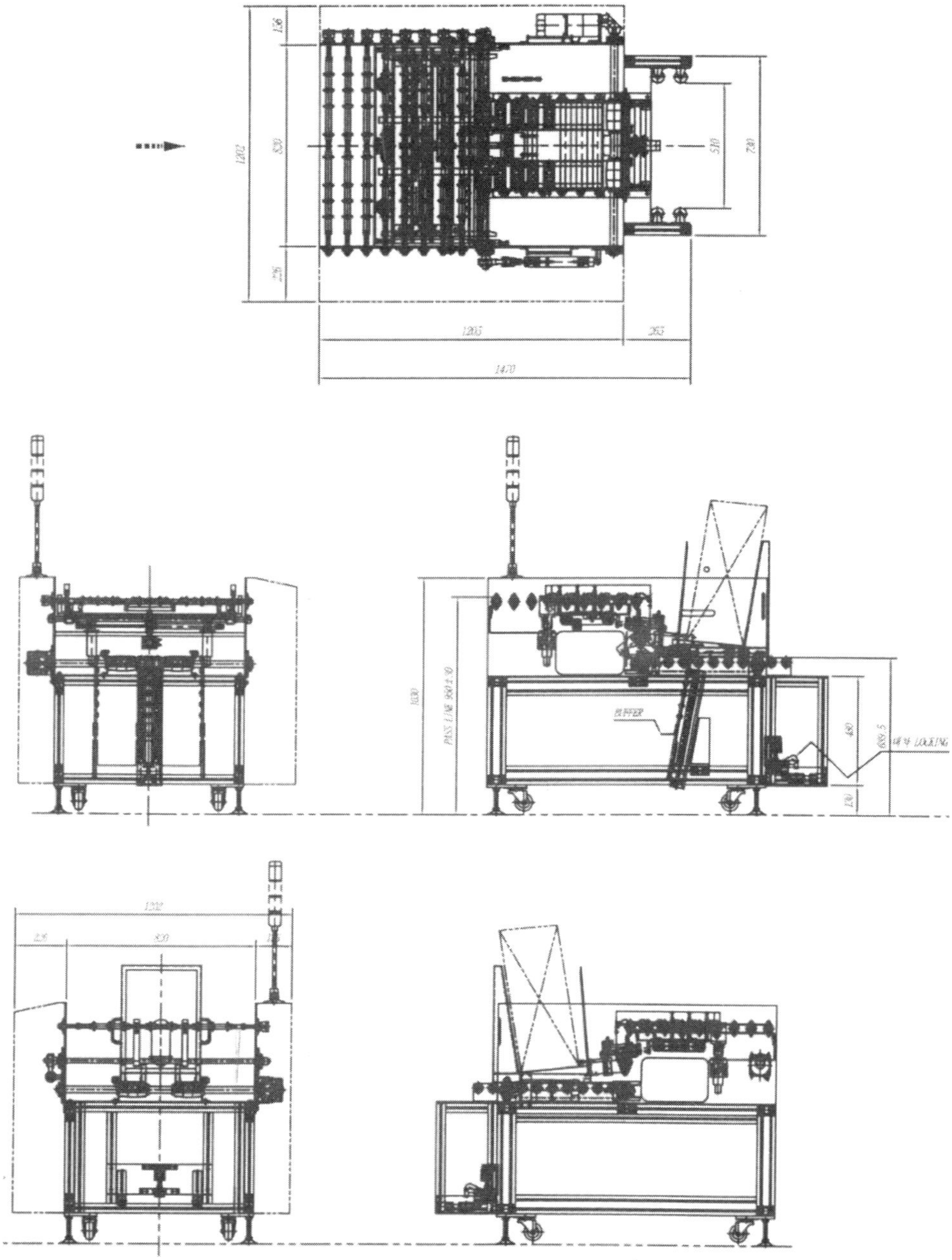

수직형 unloader 도면

그림 19-1 수직형 수취기 모습

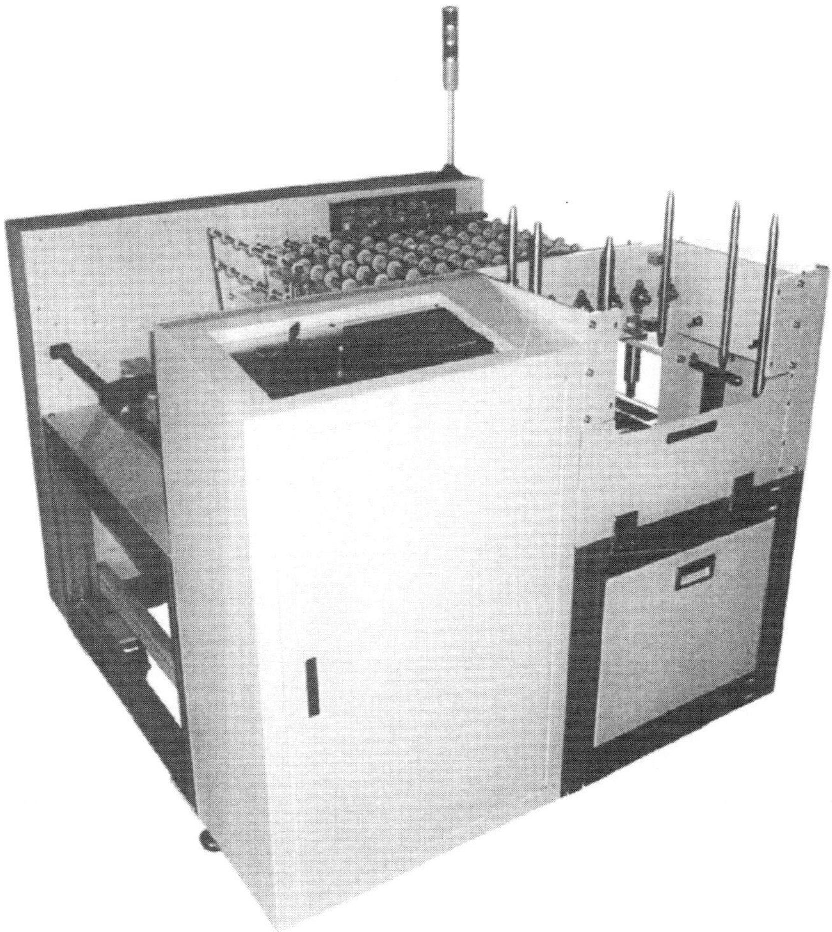

Rack 형 loader

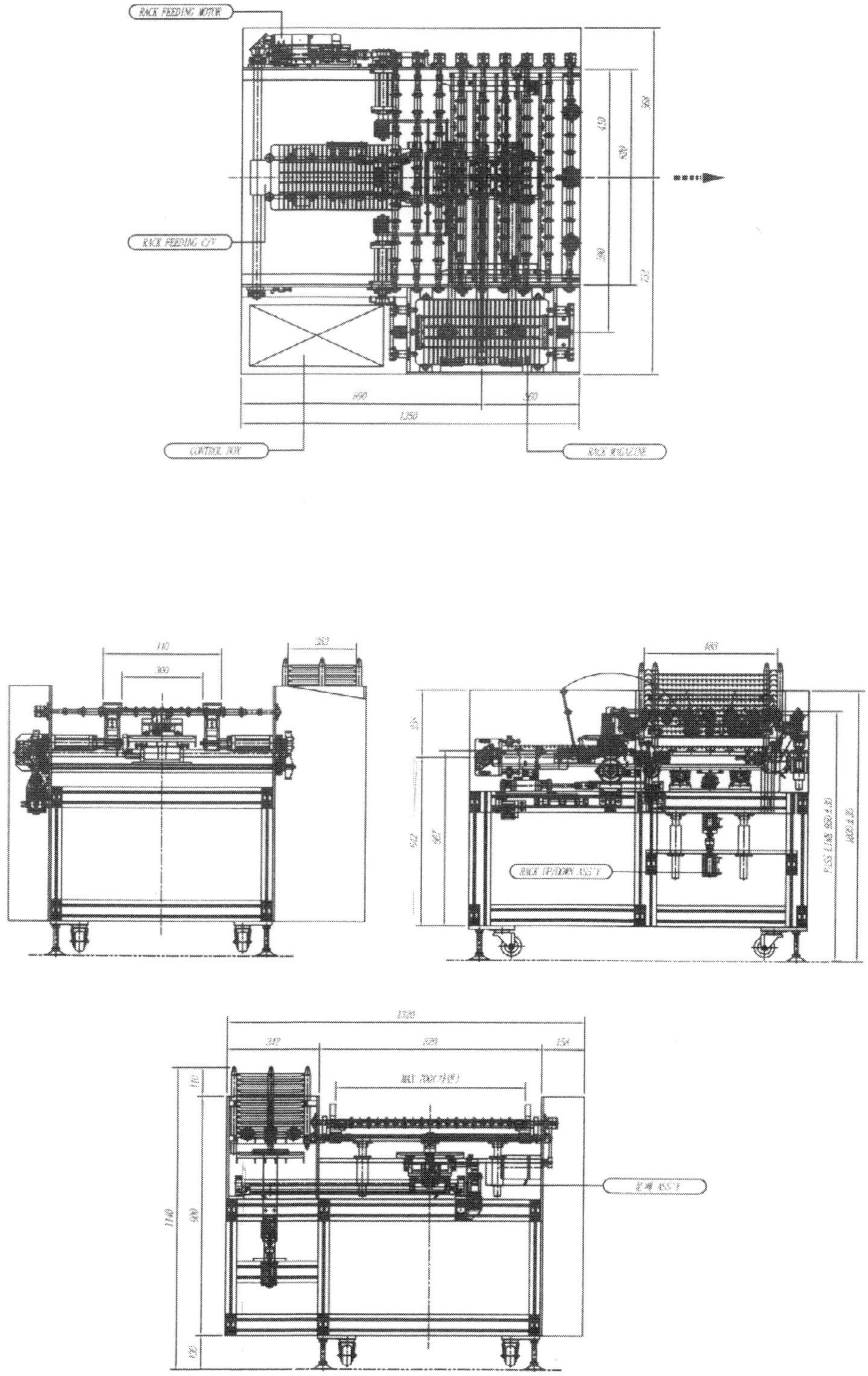

Rack 형 loader 도면

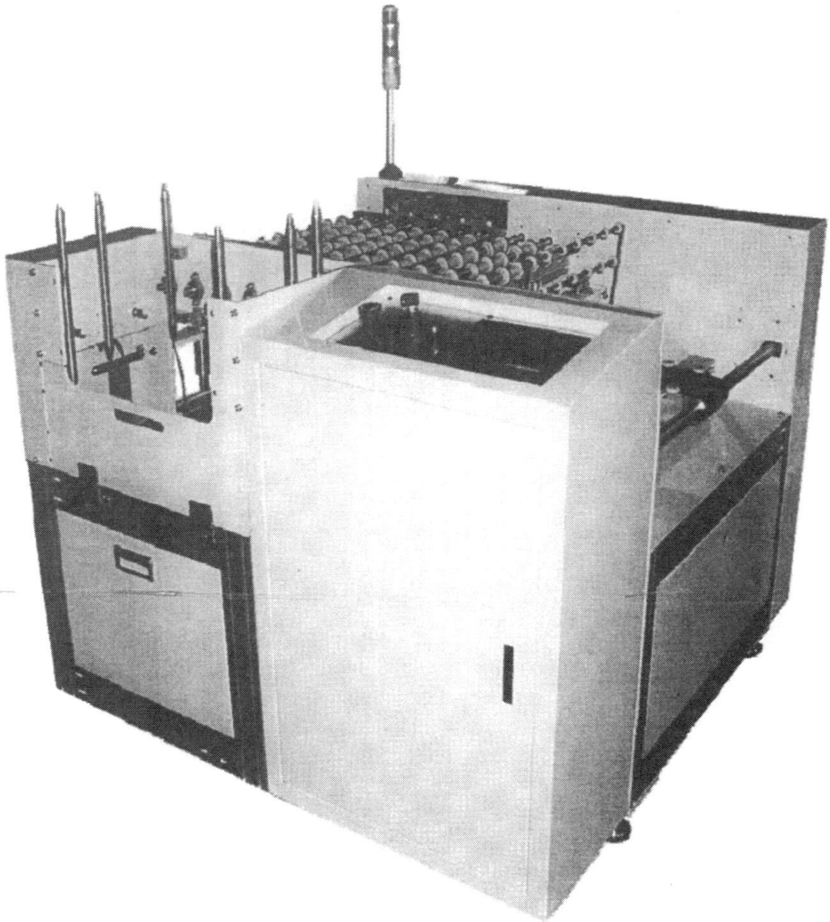

Rack 형 unloader

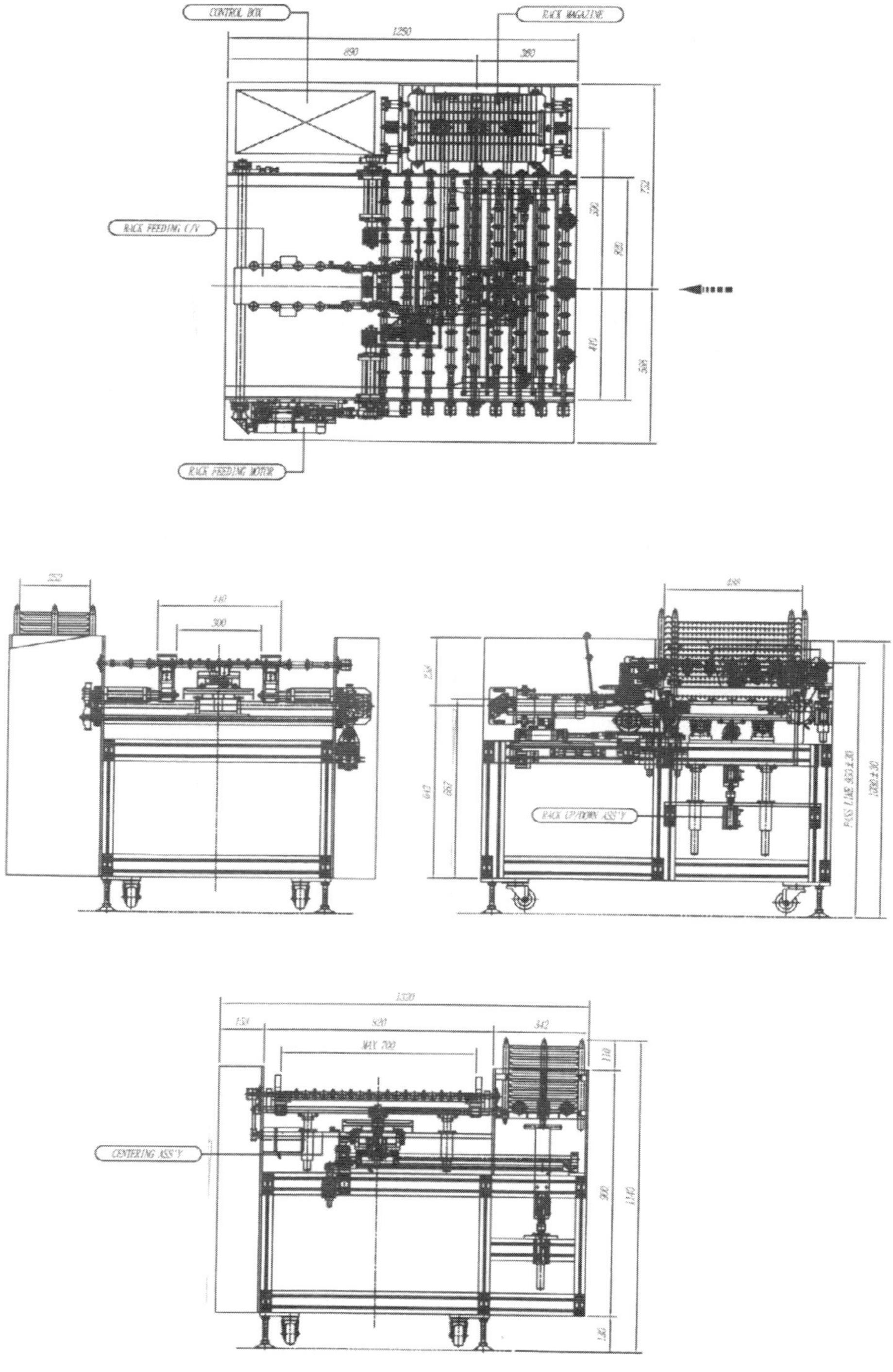

Rack 형 unloader 도면

그림 19-2 Rack 형 수취기 모습

1.20 스퀴지 연마기

스퀴지 연마기는 스퀴지로 스크린 인쇄를 반복하다보면 발생하는 스퀴지의 마모, 거침 등을 재연마하여 날을 세워주는 설비로서 주요 공정 순서는 마모된 스퀴지를 연마기에 장착 → 연마기 조건 설정 → 연마 → 반출로 이루어진다.

1.20.1 주요 사양

〈 표 20 〉 스퀴지 연마기 사양도

No	항목	내용
1	최대 연마 행정	1,000 mm
2	연마 방식	연마 숫돌(Grindstone wheel)
3	연마 속도	0 ~ 0.5 m/분
4	연 마 량	0.125 mm/cycle
5	연마 각도 조절	0 ~ 40°
6	Power	220 V, 단상, 1.5 kw
7	중 량	200 kg

이 스퀴지 주요 사양을 보면 1번의 최대 연마 행정은 연마날의 왕복 거리를 말한다. 즉, 1,000 mm(1 m)를 왕복하면서 연마함을 알 수 있다.

2번의 연마 방식은 즉, 연마날(Knife)이 숫돌로 되어 있음을 의미하고, 3번의 연마 속도는 연마 날이 왕복하는 속도로 0.5 m/분까지 속도를 조절할 수 있으며 4번의 연마량은 cycle(1왕복당) 0.125 mm(125 μm) 정도를 갈아냄을 뜻한다.

또한 5번의 연마 각도를 0 ~ 40°까지 조절하면서 연마를 할 수 있음을 알 수 있다.

1.20.2 설비 사진

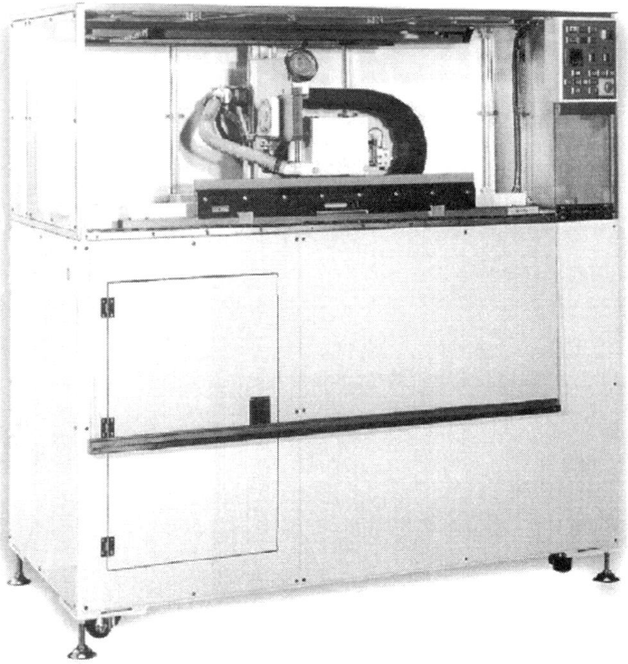

그림 20 스퀴지 연마기 모습

1.21 Roll to Roll 인쇄기

Roll to Roll 인쇄기는 flexible PCB 제조 공법 중 Roll to Roll 공법에 적합하게 개발된 인쇄기로서 film 형태의 FPCB를 인쇄하는 설비이다.

주 공정 순서는 롤 상태 Film 투입 → Film 정열 → 인쇄 → 건조 → 반출로 이루어진다.

1.21.1 주요 사양

〈 표 21 〉 Roll to Roll 인쇄기 사양도

No	항목	내용
1	최대 인쇄 면적	550 × 550 mm
2	최대 제판 크기	950 × 900 mm
3	최소 제판 크기	500 × 500 mm
4	위치 정밀도	± 10 μm
5	film 폭	250 ~ 600 mm
6	film 이송	AC Servo 모터
7	스퀴지 속도	20 ~ 500 mm/sec
8	peel off 조절 범위	0 ~ 20 mm
9	cycle time	8 ~ 13 초
10	off contact	조절 범위 0~ 20 mm
11	위치 맞춤 방식	2 CCD 카메라 + Image Processor
12	흡착 홀 ϕ	ϕ 0.6 ~ 1.2 mm
13	스퀴지 방향	뒤 → 앞(작업자측)
14	건조로 청정도	class 1,000 hepa filter 채용
15	건조 방식	열풍, IR, U.V 혼용
16	최대 건조 온도	상온 ~ 110℃
17	열풍 히터	Sus Pin 히터

이 Roll to Roll 인쇄기 사양에서 보면 2,3번에서 알 수 있듯이 Screen 인쇄에 필요한 제판이 인쇄기 내에 장착되어 있음을 알 수 있다. 4번의 위치 정밀도는 11번의 CCD 카메라에 의한 위치 맞춤에서 ±10 μm 이내의 정밀도를 갖는다는 것을 알 수 있다.

8번의 Peel off란 스퀴지가 film을 뒤에서 앞으로 인쇄후 film에서 떨어지는 높이를 말하는데 이것이 0 ~ 20 mm로 조절이 가능하다는 것이다.

9번의 cycle time이란 1 film이 인쇄가 끝나는 데 걸리는 시간으로 film의 크게에 따라 약간의 차이가 있지만 통상적으로 8 ~ 13초가 걸린다는 것이다.

11번의 위치 맞춤 방식은 좌 · 우 2개 CCD 카메라가 가이드 마크를 통해 위치 맞춤함과 동시에 Image가 모니터에 떠서 육안으로 확인 가능함을 의미한다.

12번의 흡착 홀 φ 란 film이 스크린 프레임에서 고정시키기 위해 스크린 flame 에 미세한 진공 흡착 홀이 가공되어지는데 이 홀 φ가 0.6 ~ 1.2 mm 이내라는 것이다.

건조로의 오염 물질, 먼지 등을 여과하기 위해 건조기 내부에 class(청정도 수치) 1,000을 유지할 수 있는 Hepa filter가 내장되어 있음을 14번에서 알 수 있다.

15번에서 건조 방식이 IR, U.V 혼용이 가능하다는 것을 알 수 있으며, 17번의 내장된 heater는 Sus 재질의 Pin(바늘 모양) type 히터가 채택되어 있다는 것이다.

1.21.2 설비 사진

그림 21 Roll to Roll 인쇄기 모습

1.22 Laser Drill M/C(레이저 드릴기)

Laser Drill M/C은 최신 PCB 제조 공법 중 Via hole(Blind via, Build up via 등)을 mechanical Drill 공법이 아닌 Laser를 이용하여 가공하는 설비이다.

공정 순서는 Panel Loading(투입) → Pre - alignment → 두께 체크 → Fiducial mark 체크 → Laser Drill → Panel unloading(반출)으로 이루어진다.

또한, Laser Drill M/C의 대표적인 종류로 CO_2 Laser와 UV Laser가 있는데 다음은 그 주요 사양이다.

1.22.1 주요 사양

1) CO_2 Laser Drill M/C

〈 표 22-1 〉 CO_2 Laser Drill M/C 사양도

No	항목	내용
1	Wavelength	9.25 μm
2	ave. power	145 Watts
3	Pulse freguency	4 ~ 100 KHz
4	Pulse energy 균일도	±5 %
5	Positioning 속도	1,500 point/초
6	Scaning 범위	50 × 50 mm
7	Positioning 정밀도	±0.01 mm
8	max. panel size	610 × 510 mm
9	Repeatability	±0.002 mm
10	드릴 속도	max. 90.000 hols/분

이 CO_2 Laser Drill M/C 사양에서 1 ~ 3 번의 항목은 CO_2 Laser의 성상으로 Wavelength(파장)은 9.25 μm이고, 이것의 Power는 평균 145 Watts이며 주파수는 4 ~ 100 KHz라는 것이며, 4번의 pulse energy의 균일도가 ±5 % 이내라는 것을 알 수 있다.

5번의 positioning 속도라는 것은 Laser가 hole을 가공하는데 초당 1,500 point hole을 가공할 수 있다는 것이다. 따라서, 10번의 드릴 속도가 max 90,000 hole/분이 나오는 것이다.

6번의 Scanning 범위는 Laser Drill M/C 내에 있는 Scanning Lenz의 Scan 범위를 말하며, 7번의 위치 정밀도는 설비의 자체 정밀도로 ±2 μm이내임을 의미한다.

2) UV Laser Drill M/C

〈 표 22-2 〉 UV Laser Drill M/C 사양도

No	항목	내용
1	wavelengh	355 nm
2	ave. power	4.0 watts
3	pulse freguency	20 KHz
4	positioning 속도	220 point/sec
5	positioning 정밀도	± 0.01 mm
6	max. panel size	610 × 710 mm
7	Drilling speed	max. 13,200 hole/분
8	환 경	20~25 ℃
9	power	346 ~ 480 V, 3상 교류, 50/60 Hz, 7 Kw
10	무 게	3,500 kg

이 사양에서 보면 1번의 파장이 355 nm로서 앞의 CO_2 Laser보다 훨씬 짧다. 355 nm는 약 0.355 μm로 2번 ave.power 역시 작다.

이렇기 때문에 4번의 positioning 속도 및 Drill 속도가 떨어짐을 알 수 있다. 이것은 또한 U.V Laser가 Cu와 절연체 모두를 뚫다 보니까 더욱 늦어지는 것으로 판단된다. 8번의 환경 조건도 일정한 온도의 환경이 필요함을 알 수 있다.

1.22.2 설비 사진

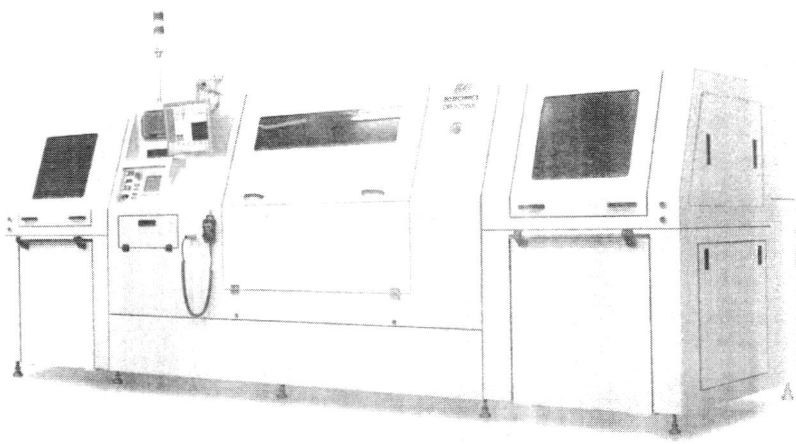

그림 22 Laser Drill M/C 모습

1.23 LDI(Laser Direct Imaging)

LDI는 기존의 PCB에 회로를 형성하는 방식과는 달리 CAM Data를 LDI 에 직접 전송시켜서 LDI에서 이 Data를 직접 Laser 광을 조사하여 회로도를 그림으로써 종래의 Artwork Film에 의한 위치 맞춤 노광 방식이 없이 회로를 형성시키는 설비이다.

주요 공정은 CAM Data를 LDI로 전송 → D/F Lamination된 기판 투입 → 진공 흡착 → 기판 allign(위치 맞춤) → Laser 노광 → 기판 반출로 이루어진다.

1.23.1 주요 사양

〈 표 23 〉 LDI 사양도

No	항목	내용
1	화소 피치	2.5 μm
2	Tact time	22.5초
3	노광 Job 전환	16초
4	얼라이먼트 정도	± 15 μm
5	대응 마크	φ 0.2 ~ 3.2 mm
6	얼라이먼트 방식	2점 또는 4점 마크에 의한 실시간 얼라이먼트
7	Scailing	1 panel 또는 1 Lot 마다 최적의 배율로 자동계산 노광
8	화상 품질	edge roughness ±3.0 μm 이하
9	선폭 편차	±3.5 μm
10	기판 규격	min. 334 × 334 mm max. 534 × 620 mm 두께 0.04 ~ 3.0 mm

이 LDI 주요 사양에서 보면 1번의 화소 피치는 상을 결정하는 dot들의 간격이 2.5 μm으로 매우 정교함을 알 수 있다.

2번의 Tact time은 1 Panel이 처리되서 나오는 시간으로 22.5 초가 소요됨을 알 수 있다.

3번의 노광 Job 전환 소요 시간은 CAM Data가 전송되어 LDI 본체로 들어가 노광 Job 실에서 노광할 수 있는 조건에 까지 소요되는 시간을 말한다.

4, 5번은 위치 맞춤 내용으로 기준 홀을 Through hole φ 0.2 ~ 3.2 mm까지 가능하고, 정밀도가 ±15 μm 이내임을 의미한다. 6번은 위치 맞춤시 2개 마크(hole) ~ 4

개 마크를 사용 할 수 있음을 뜻하고, 7번은 CAM Data의 상을 확대, 축소 등으로 회로폭, 간격, 랜드 ϕ 등을 조절할 수 있는 기능을 보여 주고 있다.

8, 9번의 화상 품질은 랜드 또는 회로 등의 Fine 성에 대한 내용으로 거칠기가 ±3.0 μm이내, 회로폭 형성시 오차가 ±3.0 μm 이내임을 나타내고 있다.

10번은 LDI가 처리할 수 있는 기판의 규격으로 최소, 최대 및 기판 두께를 나타내는데 여기서 기판 두께가 0.04 mm가 가능하다는 것은 flexible PCB까지도 노광이 가능함을 알 수 있다.

1.23.2 설비 사진 및 도면

LDI 사진

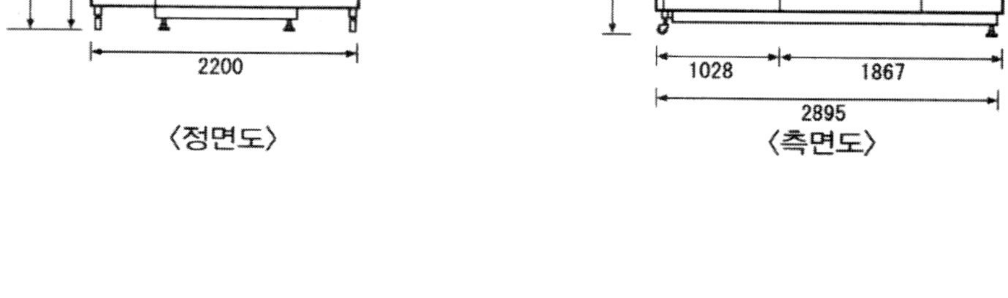

〈정면도〉 〈측면도〉

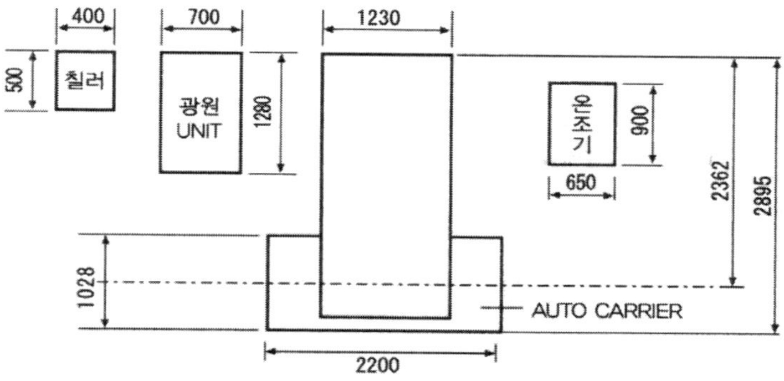

〈LAYOUT 도면〉

LDI 도면

그림 23 LDI 모습

1.24 Plasma etching M/C

Plasma etching M/C은 PCB에 여러 가지 용도로 사용이 되고 있다. 그 중에서 가장 대표적인 것은 드릴 완료 후 발생된 홀 속 절연체 탄화물 즉, Smear를 제거함과 동시에 절연층을 etching하기 위한 용도로서 기존의 chemical Desmear 처리를 대신할 수 있는 건식의 새로운 설비이다.

주 공정 순서는 드릴 완료된 PCB를 racking → Plasma etching Batch에 투입 → Plasma 조건 Setting → Plasma 처리 → 반출로 이루어진다.

1.24.1 주요 사양

〈 표 24 〉 Plasma etching M/C 사양도

No	항목	내용
1	Chamber 크기(내측)	1,000(L) × 900(D) × 900(H) m/m
2	Power	2.5 ~ 5 Kw, 40 KHz(Pulse)
3	Chamber 재질	AL or Sus
4	조건 방식	10.4″LCD Touch Screen + auto Control Unit
5	진공 Pump	1500ℓ /분
6	gas 조절	MFC, 3 Channels
7	작업 진공	1 ~ 10^{-2} Torr

이 Plasma etching M/C 사양에서 2번의 power(전원)는 2.5~5 Kw 전력이 필요하며, 주파수대에서 따라 RF, MW, Pulse 등을 선택할 수 있는데 여기 소개된 설비는 Pulse로 40 KHz가 사용됨을 알 수 있다.

6번의 gas 조절은 MFC로 control됨을 알 수 있다. MFC는 Control Program의 하나이다.

1.24.2 설비 사진

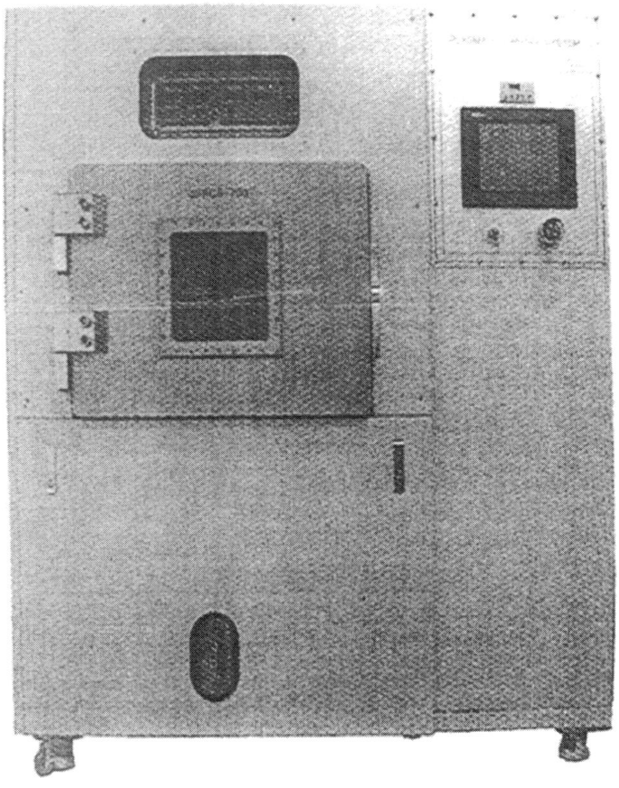

그림 24 Plasma etching M/C 모습

참고 문헌

1. 2000. 09 First EIE SA total Catalogue, The Smallest foot print RP 200 Series

2. 2003. 02 OTS total Catalogue, Lamination System YH - 6300 DL

3. 2003. 02 OTS total Catalogue, Manual exposure YH - 7090 8K

4. 2008. 03 minokorea total Catalgue, Drying System

5. 2008. 03 WHT Corp total Catalogue, PZ - ROBO

6. 2009. 02 Lauffer Pressen total Catalogue, PCB Lauffer Laminating System

7. 2002. 05 Ta Liang total Catalogue, New Generation of PCB Drilling machine.

8. 2008. 03 mino Korea total Catalogue, Minomat 55, 65, 80, 100 Series

9. 2002. 05 Ta Liang total Catalogue, PCB rowter

10. 2008. 03 mino Korea total Catalogue, Sgueege grinder DSG - 1000

11. 2008. 03 mino Korea total Catalogue Roll to Rool 자동 인쇄 라인

12. 2008. 06 Fujifilm Digital exposure System IP - 3600 S, IP - 3600 H

Chapter 02

검사 설비
(Inspection machine)

2

2.1 B.B.T(Bare Board Tester)

B.B.T는 제작이 완료된 PCB의 기능상의 문제 즉, Open, Short, 절연 저항 등이 있는지의 여부를 정기적으로 체크, 검사하는 설비이다.

여기에는 여러 방식들이 있는데 rigid 기판 각각에 맞는 Jig를 조립하여 검사하는 dedicate type, 개별 Jig가 아닌 통합 Jig 개념으로 모든 기판을 검사하는 Universal type, 두 개의 Probe 로봇팔을 이용하여 접점 선로를 따라가며 일일이 전수 검사하는 Flying probe type, Flexible 기판 전용의 검사 type 등이 있다.

여기에서는 가장 많이 사용하는 Dedicate type에 대해서 소개한다.

주요 공정 순서는 최종 완료된 PCB와 맞는 Fixture 준비 → Test Probe 조립 장착 → 시험 항목/조건 입력 → PCB 투입 → Press 접점 시험(전류 인가) → 양품/불량 선별 → 반출로 이루어진다.

2.1.1 주요 사양

〈 표 25 〉 B.B.T 사양도

No	항목	내용
1	Test 범위	max. 365 × 284 mm(상 · 하)
2	Test point	max 32,256 / head
3	Test 전압	10 V ~ 250 V
4	Test 전류	5 mA, 10 mA, 20 mA
5	연속성 test	min 5, 20 mA 적용시
6	절연성 test	max 100 MΩ, 250 V 적용시 MΩ
7	전기 test 속도	8,000 tp/sec 이상
8	Capability	250 PNL/시간
9	fixture 규격	밀레니엄 size E14×18
10	fixture type	Rigid
11	fixture 높이	2″ ~ 3.75″
12	Power	380 V, AC, 3상, 50/60 Hz
13	장비 규격	1,950(H) × 1,100(D) × 1,200(W) mm
14	중 량	1,500 kg

이 B.B.T 주요 사양에서 보면 1번의 Test 범위는 곧 최대 검사 가능 PCB size를 말한다.

2번의 Test Point는 test probe가 장착될 수 있는 최대 수를 말하며, 3번 ~ 6번 까지가 Test 시 시험 조건을 나타낸다. 즉, 전압은 10 V ~ 250 V 사이에서 전류는 5 mA, 10 mA, 20 mA로 회로의 fine 성, 회로의 난이도에 따라 차별 적용한다. 연속성 시험이 곧 open에 대한 조건으로 20 mA 적용시 5 Ω 이상이 되어야 양품임을 나타낸다.

절연성 test는 절연체의 절연성을 시험하는 것으로 250 V 인가시 100 MΩ 이내 이어야 함을 의미한다.

7번의 전기 Test 속도는 한번 Fixture가 Press될 때 초당 8,000 Test point가 체크 됨을 뜻한다.

11번은 Fixture의 높이가 2 inch에서 3.75 inch로 조절이 가능하다는 것이다.

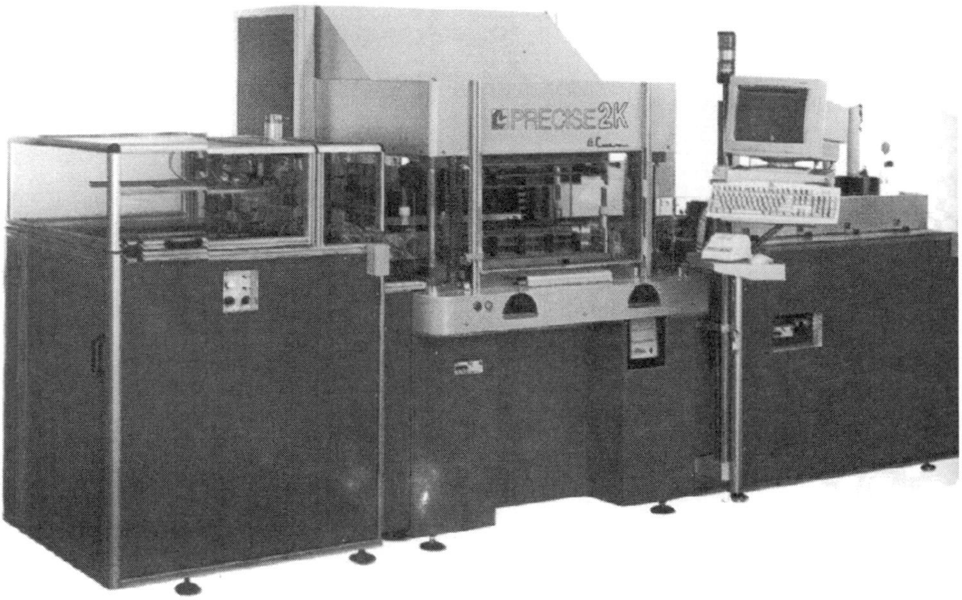

그림 25 B.B.T 모습

2.1.2 설비 사진

2.2 A.O.I(자동 광학 검사기)

A.O.I는 회로 형성이 완료된 PCB의 회로상 이상 유 · 무 즉, open, short를 주로 검사하고 필요에 따라 회로폭/간격 등의 칫수까지 측정이 가능한 광을 이용한 자동 검사 설비로서 내층 PCB, 외층 PCB, Film까지도 검사가 가능한 설비이다.

공정 순서는 양호한 PCB data를 scanning하여 A.O.I 설비에 입력 → 검사 목록/기준 설정 입력 → 검사할 PCB를 투입/Setting → 검사 → 불량 검출 부위 확인 → 반출로 이루어진다.

2.2.1 주요 사양

〈 표 26 〉 A.O.I 사양도

No	항목	내용
1	검사 범위	610 × 762 mm
2	max 보드 size	610 × 812 mm
3	보드 두께	0.005 ~ 6.35 mm
4	검사 범위	50 μm Line/space
5	제품 검사	(내층) Signal, Power/Ground, Shield, Buried/Blind Via (외층) Signal, Power/Ground, Shield, Bilnd via, Plated hole, Pads (필름) 은염, 디아조
6	재료 검사	(Cu) 부식된 Cu, 도금된 Cu, Double Treated Cu, Brush/pumiced Cu (특수재료) PI, PE, Ceramics (embedded 재료) Buried Resister(Cu, base 재료) (Photoresist) 노광, 현상, 부식 후 resist
7	기준 data	CAM & 표준 보드
8	상 분해능	0.2 mil ~ 0.5 mil
9	Scan	9.5 ~ 30 sec
10	검사 속도	360 ~ 1,137 ft^2/시간 90 ~ 185 sides/시간
11	Power	110 ~ 230 V(AC), 단상, 50/60 Hz
12	Air 압력	100 PSI/7 Bar, 100ℓ/hr
13	중 량	1,814 kg

이 A.O.I 주요 사양에서 보면 3번의 검사 보드 두께의 범위가 아주 큰 것을 알 수 있다. 또한, 4번의 검사 범위가 50 μm의 회로폭/간격까지가 됨을 알 수 있다.

5번의 PCB 제품 검사 범위를 알 수 있듯이 내층 PCB, 외층 PCB, Film의 회로, 그라운드 외 도금 홀 외형까지도 검사가 됨을 알 수있다.

6번의 검사 가능 재료를 보면 Cu 표면, 절연체 종류, embedded PCB에 사용되는 재료, Photoresist(D/F)까지 검사가 됨을 알 수 있다.

7번의 기준 data는 CAM data 또는 양호한 보드 data를 기준한다.

8번의 상 분해능은 해상도로 0.2 mil(5.08 μm)에서 0.5 mil(12.7 μm)까지 가능함을 뜻한다.

9번의 Scan 속도는 8번의 상 분해능의 정도에 따라 0.2 mil 화소를 사용할 때는 30sec 정도, 0.5 mil 화소를 사용할때는 9.5초 정도로 달라짐을 알 수 있다.

10번의 검사 속도는 8, 9번을 기준으로 0.2 mil 화소를 사용시 360 ft^2/시간, 0.5 mil 화소를 사용시 1,137 ft^2/시간이 가능함을 알 수 있고 이것을 검사면으로 환산시 90면/시간, 185 면/시간이 됨을 알 수 있다.

화소가 작을수록 시간은 많이 걸릴지라도 정확한 검사가 보장됨을 알아야 한다.

2.2.2 설비 사진

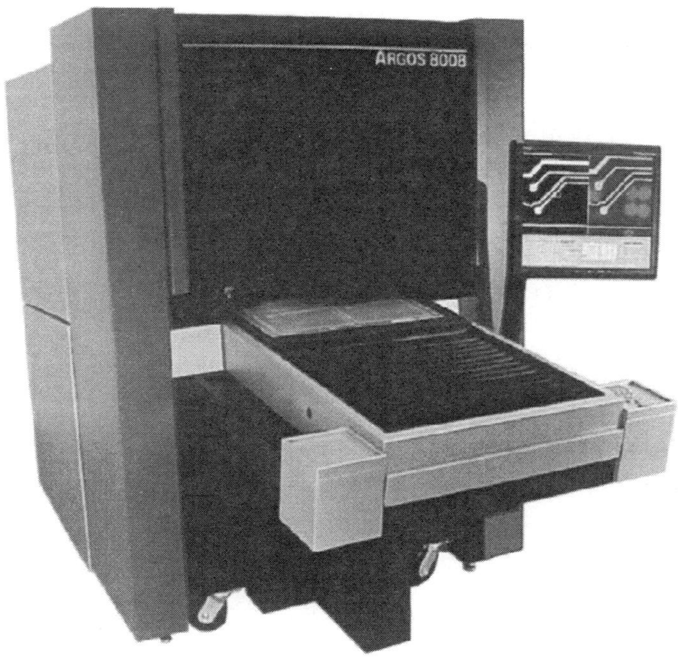

그림 26 A.O.I 모습

2.3 외관 검사기(Visual Inspection Machine)

외관 검사기는 최종 완제품 PCB의 외관 불량을 검사하는 설비로서 주요 공정 순서는 PCB 투입 → 칫수 또는 외관 불량 검사 → 반출로 이루어진다.

2.3.1 주요 사양

〈 표 27 〉 외관 검사기 사양도

No	항목	내용
1	검사 가능 PCB 규격	75 × 75 mm ~ 250 × 330 mm 0.4 ~ 2.4 t
2	해상도	20 ~ 35 μm/pixel
3	검사 가능 불량	Scratch, Dirt, Pad 위 ink, 이물질, Pinhole, Dent 등
4	검사 속도	6초/1pcs 정도
5	Camera	3 CCD 컬러 Sensing Camera
6	광원	LED
7	Stock 수	300 mm × 2
8	설비 규격	1,500(W) × 2,500(L) × 1,800(H)(mm)
9	Power	200/220 V, 3상, 50/60 Hz, 60 A
10	무게	1,800 kg

이 외관 검사기 사양에서 2번의 해상도를 보면 화소가 20~35 μm으로 해상 정도를 알 수 있고, 3번의 PCB 외관 불량 종류를 설명하고 있다.

검사 속도는 4번에서 알 수 있듯이 1PCS에 6초 가량이 걸리는 것을 알 수 있다.

5번은 검사하는 CCD Camera가 3개임을 알 수 있고, 광원으로는 LED가 사용됨을 알 수 있다.

7번의 Stock 수라는 것은 검사를 끝나서 반출되어 양품, 불량으로 나뉘어져 각각 30 cm 높이까지 Stock됨을 알 수 있다.

2.3.2 설비 사진

그림 27 외관 검사기 모습

참고 문헌

1. 2003. 06 Mania Technologie total Catalogue, Precise 2K matik
2. 2003. 06 Mania Technologie total Catalogue, ARGOS 8008, 850HD
3. 2003. 06 Mania Technologie total Catalogue, Athena

Chapter 03

습식 설비
(Wet machine)

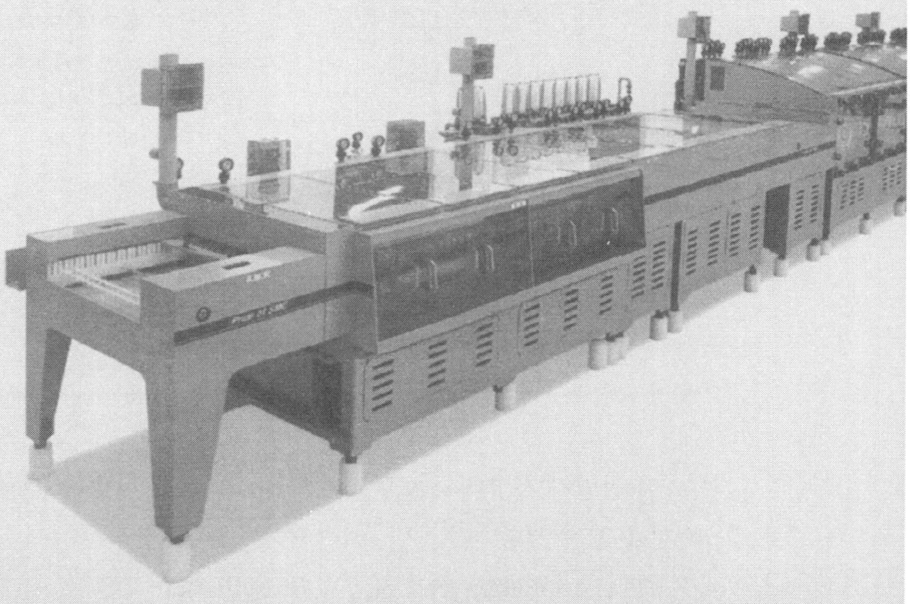

3.1 정면기(Scrubber)

정면기는 PCB의 표면 처리의 가장 기본적인 설비로서 기계적인 Brush를 이용한 정면과 화학적인 Soft etching 약품을 이용한 정면으로 구분되며 기계적인 방식과 화학적인 방식을 혼합하여 처리하는 경우가 많다.

또한, 어느 공정에 사용되느냐에 따라 Brush type, grit 수, 처리 순서 등이 달라질 수 있다.

여기서는 일반적인 Rigid 기판의 Brush 정면을 소개하겠다.

주요 공정 순서는 CCL 투입 → 정면 브러쉬 상 · 하 압력 Setting → 수세 → 탈수 → Air Knife → 건조 → 반출 순서로 이루어진다.

3.1.1 주요 사양

〈 표 28 〉 정면기 사양도

No	항목	내용
1	작업 가능 PCB 폭	max. 700 mm
2	작업 가능 규격	max. 680(L) × 510(W) mm min. 310(L) × 200(W) mm
3	작업 가능 두께	0.08 ~ 3.2 t
4	콘베어 속도	0 ~ 6 m/분
5	Brush 속도	13 m/sec
6	Oscillation 속도	250 cpm
7	Oscillation Stroke	6 mm
8	몸체 재질	stanless Steel

이 정면기 사양에서 보면 5번의 Brush 속도는 초당 13m 거리를 가는 속도로 회전함을 알 수있다.

6번의 oscillation 속도 및 7번의 oscillation 폭은 Brush가 좌 · 우로 요동치는 사양으로 6 mm 폭을 분당 250 cm를 가는 속도로 oscillation 됨을 알 수 있다.

정면기 몸체는 8번에서 알 수 있듯이 Stainless steel로 되어 있음을 알 수 있다.

3.1.2 설비 사진

그림 28 정면기 모습

3.2 제판 현상기

인쇄 프레임의 스크린을 유제 Coating 후 film을 놓고 노광 후에 완전한 인쇄 상을 형성시키기 위한 현상 설비이다. 공정 순서는 노광 완료된 스크린 프레임을 현상기에 장착 → 스프레이 건 작동 → 물에 의한 스프레이 현상 → 건조 → 반출로 이루어진다.

3.2.1 주요 사양

〈 표 29 〉 제판 현상기 사양도

No	항목	내용
1	스크린 규격(가로×세로)	950 × 950 mm
2	Spray 노즐	Pitch 50
3	Spray pump	high-voltage Gasket, 1.5 kW
4	Swelling Time	Timer 작동
5	Spray Cycle	1 ~ 9 cycles
6	Spray 방식	고압 Spray
7	Power	100 V/150 W + 200 V/1.5 kW
8	기계 규격	1,600(W) × 1,000(D) × 1,900(H)(mm)

이 제판 현상기 사양에서 2번의 Spray 노즐의 Pitch란 노즐간 간격을 의미한다. 즉, 50 mm의 간격으로 Spray 노즐이 설치되어 있음을 알 수 있다.

3번의 Spray pump는 Spray시켜주는 pump로서 고압 가스켓 1.5 kW가 소요됨을 알 수 있고, 4번의 Swelling time이란 유제가 팽윤되는 시간을 Timer로 조절하여 시간을 설정할 수 있다는 것이다.

5번의 Spray cycle은 1회부터 9회까지 Spray가 왕복 운동함을 의미하며 6번에서 알 수 있듯이 Spray 압력은 고압임을 의미한다.

7번의 Power(전원)은 두 가지 사양이 됨을 알 수 있다.

3.2.2 설비 사진

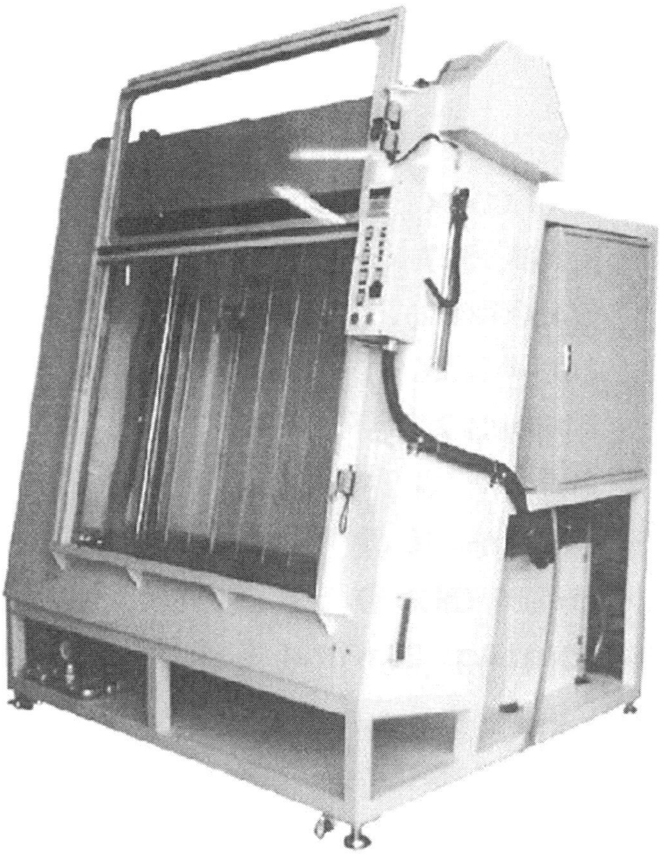

그림 29 제판 현상기 모습

3.3 Belt sander M/C

Belt sander Machine은 PCB 제조 공정에서 여러 용도로 사용되고 있다. 즉, Panel 동도금 후 두께 편차를 제거하기 위해 사용되거나, 홀 Plugging 후 홀 주위, 표면의 Plugging ink를 제거하기 위해서 사용된다.

공정 순서는 PCB 투입 → Belt Sanding → 고압 수세 → 탈수 → Air Knife → 건조 → 반출로 이루어진다.

3.3.1 주요 사양

〈 표 30 〉 Belt Sander 사양도

No	항목	내용
1	최대 연마폭	610 mm
2	최소 연마 규격	0.5 mm(T) × 180 mm(L)
3	연마 속도	50 Hz ; 400 mm/분 60 Hz ; 480 mm/분
4	이동 속도	1 ~ 5 m/분
5	연마 motor	3.7 kW
6	이송 motor	0.4 kW
7	연마 벨트 규격	650 mm(W) × 1,700 mm(L)
8	Pass Line	700 mm
9	기계 규격	940(W) × 1,620(L) × 1,580(H) mm
10	중 량	1,200 kg

이 Belt Sander M/C 사양에서 보면 2번에서 알 수 있듯이 0.5 mm 두께의 기판까지 연마가 가능함을 알 수 있다.

3번에서 연마 속도가 주파수에 따라 달라짐을 알 수 있고, 5, 6번에서 연마, 이송 motor가 각각임을 알 수 있다.

3.3.2 설비 사진

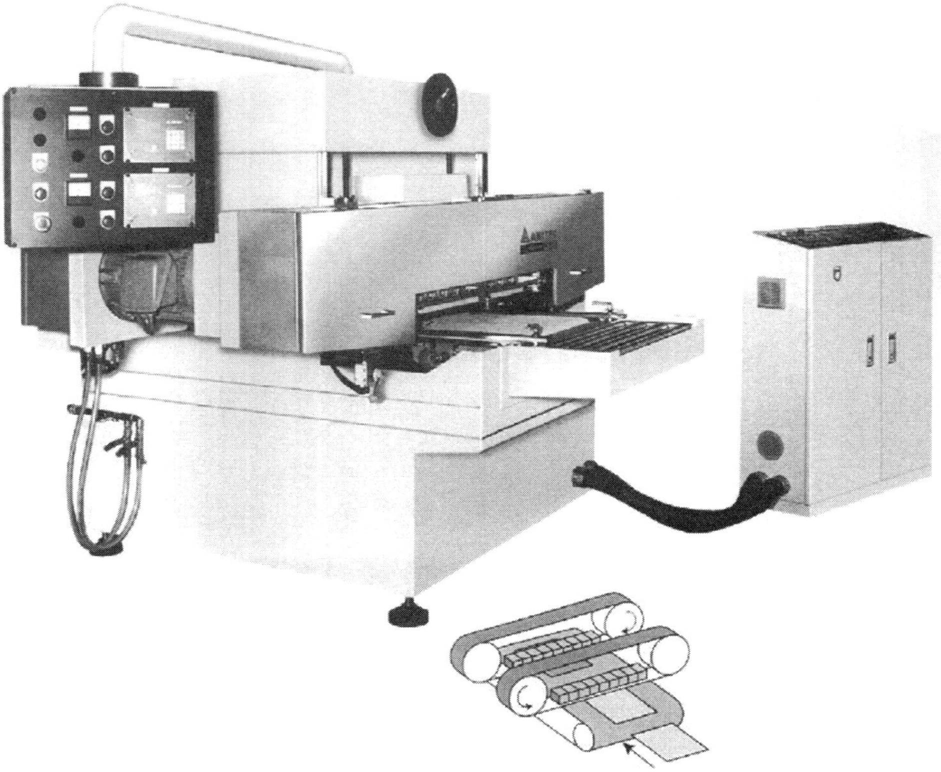

그림 30 Belt Sander M/C 모습

3.4 DES Line(Develop/Etching/Strip)

D/F으로 PCB의 회로를 형성하기 위한 Line으로 D/F 현상 → etching(부식) → D/F 박리의 연속 공정으로 이루어진다.

3.4.1 주요 사양

〈 표 31 〉 DES Line 사양도

No	항목	내용
1	작업 가능 폭	max. 660 mm
2	Conveyor 폭	700 mm
3	Pass Line	min. 1,000 mm
4	로라 직경 로라 Pitch	25 mm 22.5 mm
5	converyor 속도	1.0 ~ 5.0 m/분
6	작업 가능 기판 사이즈	max. 610 × 610 mm min. 250 × 250 mm
7	작업 가능 기판 두께	0.05 ~ 2.5 mm
8	Power	220 V, 3상, 60 Hz, 241 kW
9	압축공기	6 ~ 8 kg/cm^2

위 주요 사양에서 보면 4번의 구동 로라의 사양에서 25 mm ϕ의 직경으로 되어 있고, 로라 간 간격이 22.5 mm로 되어 있다는 것을 알 수 있다. 7번의 작업 가능한 기판의 두께가 0.05 mm가 가능하다는 것은 Flexible 기판 처리도 가능함을 의미한다.

3.4.2 설비 사진

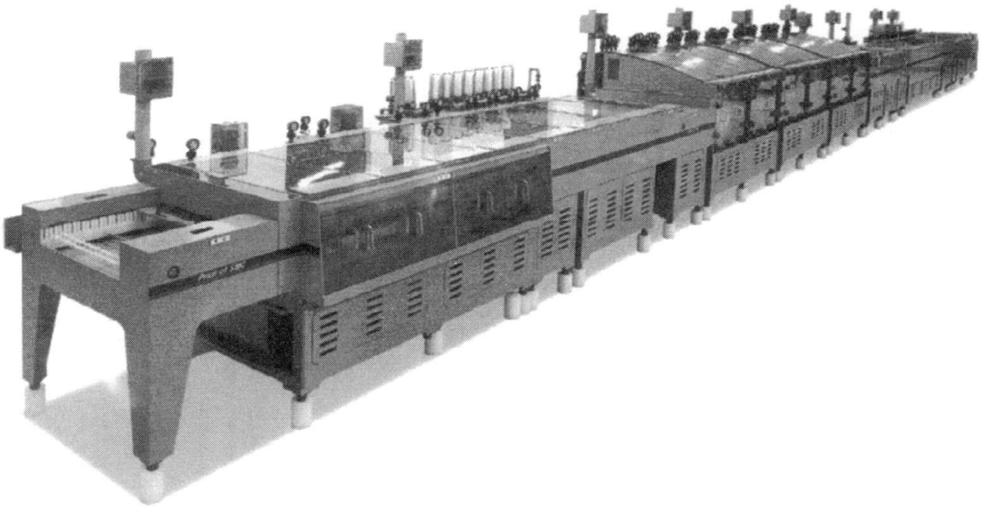

그림 31 Des Line 모습

3.5 옥사이드 라인(Oxide Line)

다층 PCB 제조 공정에서 내층 PCB의 Cu 층과 절연층인 Pre - Preg의 적층 press 시 밀착력을 증대시키고 산화 방지를 위한 공정으로 동박 표면에 거칠기(조도)를 형성하고 산화 방지막을 형성하여 주는 설비이다.

공정 순서는 내층 PCB 투입 → Cleaner → 탕세 → 수세 → Soft etching → 수세 → pre - oxide → oxide → 탕세 → 수세 → 환원 처리(reducer) → 탕세 → 수세 → 건조 → 반출로 이루어진다.

3.5.1 주요 사양

〈 표 32 〉 oxide Line 사양도

No	항목	내용
1	Carrier 부	Basket의 Tank 이동
2	Tank 재질	PVC, PP, Sus로 약품 특성에 맞춰 적용
3	부속 장치	- Pump 및 filter - 자동 온도 조절 장치 - Air Blow
4	Basket	- Sus 재질
5	처리 가능 기판	- 두께 ; 0.1 ~ 1.6 mm - 최대 size ; 600 × 600 mm - 최소 size ; 200 × 200 mm
6	전원	220 V, 3상 60 Hz

이 옥사이드 라인의 주요 사양을 보면 2번의 tank 재질은 tank에 들어 있는 약품(산성 또는 알카리)에 따라 그것에 내성이 있는 재질로 사용해야 함을 의미한다.

3번의 부속 장치들은 펌프와 필터, 자동 온도 조절 장치, air blow 장치 등이 있음을 알 수 있다.

3.5.2 설비 사진

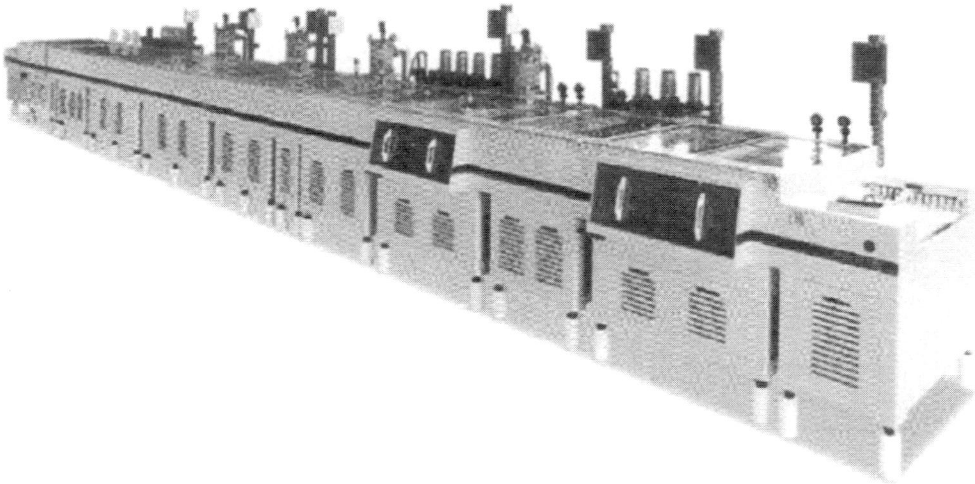

그림 32 oxide Line 모습

3.6 디스미어 라인(Desmear Line)

PCB 제조 공정 중의 홀을 가공하는 Drill 과정 중에 Bit의 고속 회전에 의한 열에 의해 발생되는 홀 속의 절연체의 탄화물(Smear)를 제거함과 동시에 절연체에 요철을 형성하여 후속 홀 속 도금의 밀착력을 향상시키기 위한 약품 처리 설비이다.

주요 공정 순서로는 PCB 투입 → Sweller(절연체 팽윤) → 수세 → Desmear(디스미어) → 1차 Neutralize(중화) → 수세 2차 → Neutralize → 수세 → 반출로 이루어진다.

3.6.1 주요 사양

〈 표 33 〉 디스미어 Line 사양도

No	항목	내용
1	Carrier 부	Basket의 Tank 이동
2	Tank 재질	PVC, PP Sus 등 적절히 적용
3	과망간산($KMnO_4$) 처리조	정류기(산화/환원 반응)

No	항목	내용
4	부속 장치	- pump/filter - 자동 온도 조절 장치 - 자동 급수 장치 - Air Blow 장치
5	Basket	- SUS 재질
6	agitation 장치	- 30 ~ 50 mm Stroke - 10 ~ 30 rpm
7	전원	220 V, 3상, 50 Hz
8	처리 가능 기판	- 두께 ; 0.4 ~ 3.2 mm - 최대 ; 510 × 610 mm - 최소 ; 200 × 200 mm

이 Desmear Line의 사양에서 보면 3번의 과망간산($KMnO_4$) 처리 tank에서 주 반응은 산화/환원 반응이 일어나기 때문에 tank 내부에 전극이 있고 외부에서 정류기가 있어 전류를 걸어주어야 한다. 때문에 정류기가 필요한 것이다.

6번의 agitation 장치는 Basket을 좌 · 우로 흔들어주는 장치로 액의 순환 및 액 처리의 극대화를 위해 실시해 주는데 30 ~ 50 mm의 간격을 분당 10 ~ 30회의 그랭크암이 회전함으로써 가능함을 설명하고 있다.

3.6.2 설비 사진

그림 33 디스미어 Line 모습

3.7 무전해 동도금 라인(electroless cu plating Line)

무전해 동도금 라인은 PCB의 hole 가공(Drill)후 홀 속을 Through hole하기 위해 화학 동도금을 하는 설비이다. 공정 순서는 PCB 기판 투입 → cleaner/conditioner → 수세 → Soft etching → 수세 → pre - dip → Catalyst → 수세 → accellerator → 수세 → electroless cu plating → 수세 → 건조 → 반출로 이루어진다.

3.7.1 주요 사양

〈 표 34 〉 무전해 동도금 라인 사양도

No	항목	내용
1	Carrer 부	Basket을 Tank 별로 처리하는 장치
2	Tank 재질	PVC, PP, Sus 등 처리 약품에 맞게 적용
3	부속 장치	- Pump, filter - 온도 조절 장치 - 자동 급수 장치 - 액 자동 공급 장치 - Air Blower
4	Basket	Sus 재질
5	agitation	- stroke : 30 - 50 mm - 속도 : 10 ~ 30 RPM

위 무전해 동도금 라인 사양도에서 다른 항목은 모두 일반적인 라인과 차이가 없지만 3번의 부속 장치에서 화학 동도금조에 있는 Cu, NaOH, HCHO, 안정제 등을 계속 해서 자동 분석 보충해 주는 액 자동 공급 장치가 아주 중요하기 때문에 반드시 설치하여 주어야 한다.

3.7.2 설비 사진

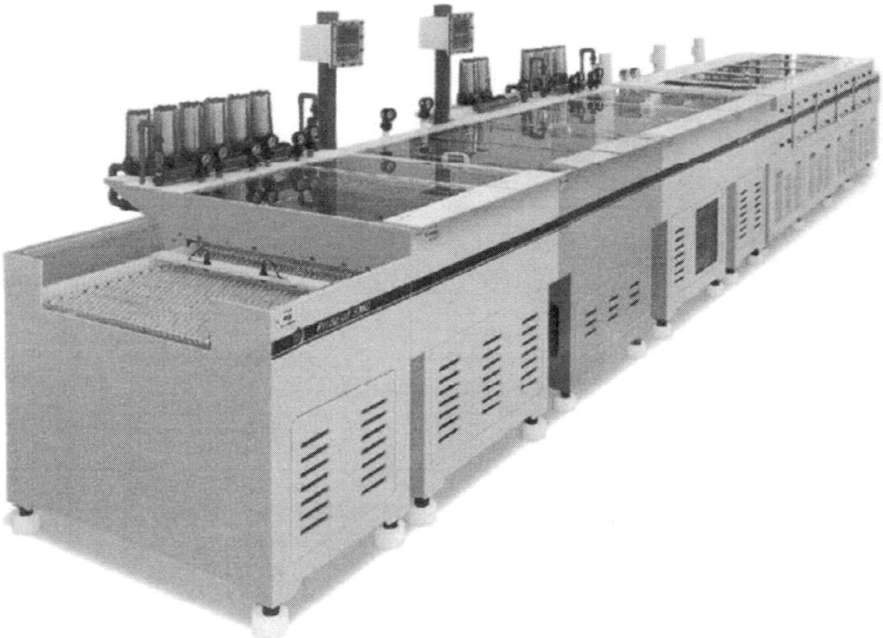

그림 34 무전해 동도금 라인 모습

3.8 Panel 전기 동도금 라인(electric Plating Line)

무전해 동도금 후 Thtough hole이 된 hole에 신뢰성을 부여하기 위해 2차로 Panel 전체(표면 및 홀)에 전기를 이용하여 도금을 하는 설비를 말한다.

공정 순서는 무전해 동도금 완료 PCB 랙킹/투입 → 10 % 황산 dip → 전기 panel 동도금 → 수세 → 반출로 이루어진다.

3.8.1 주요 사양

〈 표 35 〉 전기 Panel 동도금 사양도

No	항목	내용
1	처리 가능 기판 사이즈	- min. 250 × 340 mm - max. 510 × 610 mm - 두께 : 0.06 ~ 1.6 mm
2	Capacity	6,000 ~ 13,000 m^2/월
3	도금 두께 편차	± 10 % 이내
4	Hanger 부	기판 이송 보조 장치
5	Tank 재질	PVC
6	부속 장치	- Air Blower - Anode Ball 자동 공급 장치 - 액 자동 보급 장치
7	정 류 기	출력 정밀도 : ± 1 % 이내

이 사양에서 보면 1번의 처리 가능 기판에서 두께 0.06 mm까지 가능하다는 것은 flexible PCB도 도금 가능함을 의미한다.

2번의 Capacity는 월 6,000 ~ 13,000 m^2 PCB의 처리가 가능함을 의미한다.

3번의 동도금 두께 편차는 PCB 전면을 도금하였을때 PCB의 외각 홀/표면과 PCB의 중앙 부위의 동도금 두께 편차가 목표 두께 ±10 % 이내로 편차가 적음을 뜻한다.

4번의 hanger는 기판이 고정된 rack를 자동으로 tank로 이동시켜주는 장치를 말한다.

6번의 부속 장치에서 보면 동도금조에 장착되어 있는 anode ball이 담겨 있는 basket에 anode ball을 자동으로 공급해 주는 장치가 근래에 도입되었다.

7번의 정류기는 원하는 전류를 공급해 주는데 정확한 전류가 공급되어야 하기 때문에 중요하다. 여기에서는 출력 정밀도가 ±1 % 이내로 상당히 정밀함을 알 수 있다.

3.8.2 설비 사진

그림 35 전기 Panel 동도금 라인 모습

3.9 전기 패턴(Pattern) 도금 라인

무전해 동도금 후 D/F으로 패턴 및 홀을 형성한 후 이 패턴과 홀 속을 선택적으로 전기를 이용해서 도금을 하게 하는 설비이다.

공정 순서는 회로 형성된 기판 랙킹 → 투입 → acid cleaner → 수세 → Soft etching → 수세 → Pre - dip(10 % 황산) → 전기동도금 → 수세 → Pre - dip(10 % 붕불산) → 전기솔다도금 → 수세 → 건조 → 반출로 이루어진다.

3.9.1 주요 사양

〈 표 36 〉 전기 패턴 도금 사양도

No	항목	내용
1	Capacity	3,000 ~ 15,000 m^2/월
2	처리 가능 기판 규격	- min. 340 × 340 mm - max. 610 × 610 mm - 두께 : 0.06 ~ 2.4 mm
3	도금 두께	10 ~ 30 μm
4	도금 두께 편차	± 15 % 이내
5	carrier 부	rack를 tank 별로 처리하는 장치
6	tank	PVC, PP, Sus로 내약품성에 맞게 적용
7	부속 장치	- air blower - agitation : 30 ~ 50 stroke 10 ~ 30 rpm
8	정 류 기	- DC 정류, 출력 정도 ±1 % 이내 - 필요시 Pulse 정류기 채택
9	액 자동 보급 장치	전기 도금 약품 자동 공급

이 전기 패턴 도금 라인 사양에서 보면 앞서 설명한 전기 패널 도금 라인과 중복되는 것은 설명을 지양하고 8번의 정류기에서 Fine Pattern, Small hole 들에 신뢰성 있는 도금을 하기 위해 필요시 pulse 파형의 정류기를 채택하는 경우가 있다는 것이다.

3.9.2 설비 사진

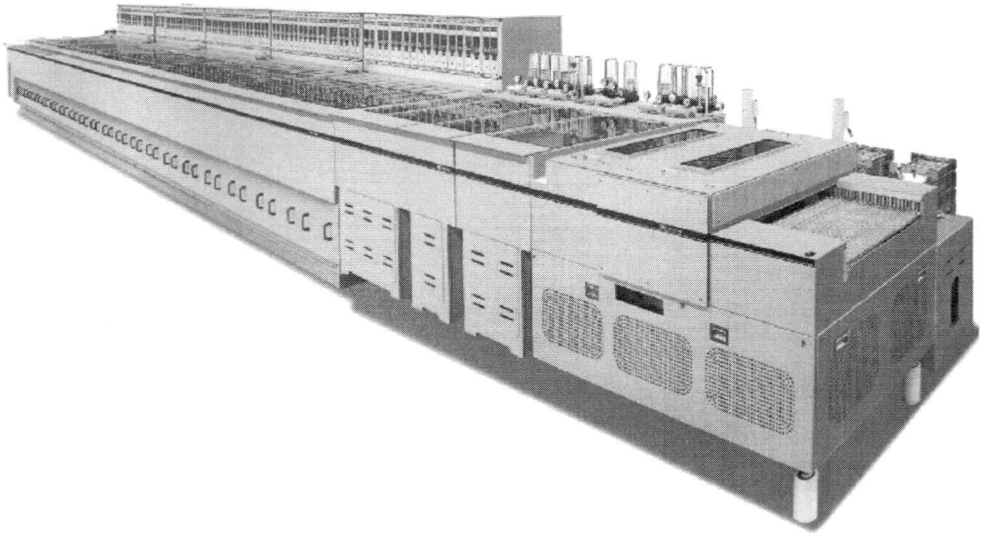

그림 36 전기 패턴 도금 라인 모습

3.10 무전해 금도금 라인(electroless Ni/Au plating Line)

PCB 공정에서 Solder resist 도포 후 마지막으로 SMD 및 부품 홀의 Cu 표면의 산화방지 및 부품 실장시 Soldering 성을 향상하고, 전기 전도성 증대 등을 목적으로 Ni 및 Au 도금을 화학적으로 하는 설비이다.

공정 순서는 PSR 완료된 PCB 랙킹 → 투입 → cleaner → 온 수세 → 수세 → Soft etching → 수세 → activator → 수세 → Ni 도금 → 수세 → Au 도금 → 수세 → 반출로 이루어진다.

3.10.1 주요 사양

〈 표 37 〉 무전해 금도금 라인 사양도

No	항목	내용
1	Capacity	3,000 ~ 25,000 m²/월
2	처리 가능 기판 규격	- min. 340 × 340 mm - max. 610 × 610 mm - 두께 : 0.06 ~ 2.4 mm
3	도금 두께	- Ni : 2 ~ 6 μm - Au : 0.03 ~ 0.07 μm
4	Carrier 부	rack를 tank 별로 처리하는 장치
5	tank	PVC, PP, Sus를 내약품성 고려 적용
6	부속 장치	- air blower - agitation : 30 ~ 50 mm Stroke, 10 ~ 30 rpm - 액 자동 보급 장치
7	Ni 도금조	- 온도 : ± 1 % 이내 제어 - 재질 : Sus 316 경면 연마 처리
8	질산 세정 장치	Ni tank 내벽 Ni 성분 세정 자동 이송 장치 적용

이 무전해 금도금 사양에서 7번의 Ni 도금조에서는 온도에 상당히 민감하게 Ni 도금이 반응을 하는 까닭에 온도 제어 장치가 정교해야 한다. 따라서, ±1 % 이내의 온도 Control이 되는 온도 조절 장치가 필요하다.

또한, Ni 도금이 tank 내벽에 석출됨을 방지하기 위해 tank 재질인 Sus 316에 경면 연마 처리를 함으로써 Ni 석출을 방지할 수 있다.

또한, tank 내벽에 미세하게 나마 Ni의 석출이 발생하므로 이 Ni 성분을 주기적으로 녹여 내기 위해서 질산(HNO_3)이 액을 교체시 또는 세척시 공급되어야 하기 때문에 별도의 질산액 tank가 필요함을 알 수 있다.

3.10.2 무전해 금도금 라인 사진

그림 37 무전해 금도금 라인 모습

3.11 전해 금도금(electric Ni/Au Plating) 라인

PCB 공정에서 Solder resist 도포 후 마지막으로 SMD 및 부품 홀의 Cu 표면의 산화방지 및 부품 실장시 Soldering 성을 향상하고, 전기 전도성 증대 등을 목적으로 Ni 및 Au 도금을 전기적으로 하는 설비이다.

공정 순서는 PSR 완료된 PCB 투입 → cleaner → 수세 → Soft etching → 수세 → 산세 → 수세 → Ni 도금 → 수세 → Au 도금 → Au 회수 → 수세 → 건조 → 반출로 이루어진다.

3.11.1 주요 사양

〈 표 38 〉 전해 금도금 라인 사양도

No	항목	내용
1	Capacity	3,000 ~ 15,000 m^2/월
2	처리 가능 기판 규격	- min. 340 × 340 mm - max. 610 × 610 mm - 두께 : 0.06 ~ 2.4 mm
3	도금 두께	- Ni : 2 ~ 7 μm - Au : 0.05 ~ 0.7 μm
4	도금 두께 편차	± 15 % 이내
5	Carrier 부	PCB를 tank 별로 처리
6	tank	PVC, PP, Sus를 내약품성 별로 적용
7	부속 장치	- Air blower - agitation : 30 ~ 50 mm Stroke, 10 ~ 30 rpm - 자동 액 보급 장치
8	정 류 기	DC 정류기, 출력 정도 ± 1 %

이 사양에서 보면 무전해 금도금 라인과 차이가 있는 것은 3번의 도금 두께가 전해금도금이 훨씬 높다는 것이고, 전기 도금이니까 8번의 정류기를 사용한다는 것이다.

3.11.2 설비 사진

그림 38 전해 금도금 라인 모습

3.12 Pre - flux Line

최종 완료된 PCB의 SMD 및 부품 홀의 Cu 표면의 산화 방지 및 전기 전도성 증대 및 Soldering 성을 향상시켜주기 위한 마무리 처리로서 금속이 아닌 유기 화합물(Pre - flux)을 Coating해 주는 설비이다.

공정 순서로는 최종 PSR 완료된 PCB 투입 → 수세 → Soft etching → 수세 → 산처리(3 % 염산) → 수세 → 초음파 세척 → 수세 → 탈수 → Air Knife → 건조 → Pre - flux Coating → 수세 → Air Knife → 건조 → 반출로 이루어진다.

3.12.1 주요 사양

〈 표 39 〉 Pre – flux Coating 기 사양도

No	항목	내용
1	전 원	3 p, 220 V, 50 Hz
2	Roller	φ 30 × 35 pitch
3	콘베어 속도	0 ~ 3 m/분
4	처리 가능 규격	- 두께 : 0.2 ~ 3.2 t - 최대 size : 610 × 610 m/m - 최소 size : 40 × 70 m/m

3.12.2 설비 사진

그림 39 Pre – flux Coating 기 모습

참고 문헌

1. 2008. 12 SMC Company introduce total Catalogue, Horigontal electro Copper Plating Line
2. 2008. 12 SMC Company introduce total Catalogue, Horigontal electro Copper Plating Line(Dual types)
3. 2008. 12 SMC Company introduce total Catalogue, DES Line
4. 2008. 12 SMC Company introduce total Catalogue, Desmear Line
5. 2008. 12 SMC Company introduce total Catalogue, Brown(Black) oxide Line
6. 2008. 12 SMC Company introduce total Catalogue, OSP Line
7. 2008. 12 SMC Company introduce total Catalogue, Chemical FPC 정면기
8. 2001. 03 Murakmai Gemeral Catalogue, Primted machine and eguipment · 사장기, MS Printer - C, MS - Washer - auto, ink 교반기
9. 2001. 05 Amitec total Catalogue, Cross belt Sander CS - 61W
10. 2008. 05 Kims Corporation Limited total Catalogue, Desmear & electoless Copper plating, electroless Nickel / Gold Treat - ment Line

저자약력

김형록

1989년 인하대 물리학과 졸업

1989~1996년 (주)한일써키트 기술부 근무

1997~1998년 영익무역(주) 기술영업팀장

1999~2000년 주양전자(주) 기술부장

2005년 청운대학원 공학석사학위 취득

2001~현재 혜전대학 디지털 전자디자인과 교수

정가 9,000원

PCB 설비 기술학

2010년 2월 18일 초판 인쇄
2010년 2월 26일 초판 발행
저 자 : 김형록
발행자 : 우명찬·송 준
발행처 : 홍릉과학출판사
주 소 : 서울시 강북구 인수동 455-60
142-885
등 록 : 1976년 10월 21일 제5-66호
전 화 : (02) 999-2274, 996-8341, 903-7037
팩 스 : (02) 905-6729
ISBN : 978-89-7283-838-8
e-mail: hongpub@hongpub.co.kr
http://www.hongpub.co.kr

인 지
첨 부